文字·摄影 by Hally Chen

强调手作温暖感

诞生于网络时代的
台湾文具新品牌 Mumu union

四年前开始从网络上出发的杂货新品牌 Mumu union，
不但产品充满独创性，近年更通过参与市集和传统书店方式上架，
以独立制作的文房具及插画杂货掳获不少国内年轻文具爱好者。
尤其该品牌标榜每件文具独一无二的手工感和良好的质量，
让《文具手帖》决定拜访该品牌位于台北的办公室，
同时专访幕后负责的双人组，本业美术设计工作的达先生和在知名绘本出
版社从事编辑工作的兔小姐。透过他们的慷慨分享，
让更多文具迷了解文具开发的甘苦和网络时代创业的心路。
原来文具不只是商品，同时也是某些人努力的心意。

《文具手帖》（以下简称文）：可否简单解释一下 Mumu union 品牌名称的由来？

Mumu union（以下简称 m）：mumu 其实是木木的译音，刚好我们两人姓林，念起来又好记，所以一下子就决定用这个名字。（笑）

文： 请教两位 Mumu union 品牌开始的时间？

m： 2009 年开始以这个名称成立工作室，最初以装帧以及平面美术设计的案子为主要营业内容，当时我们办公室还窝在一个很小的套房，不断地烧钱研发，产品第一次上架的时候我们紧张到不行，一整天紧盯着电脑。初次卖出去的产品是一本黑色笔记本，等了一个月客人上门。当时很认真地包装，回想起来依旧好感谢那位客人。虽然在出版社工作也会需要接触销售，但是卖出自己亲手设计创作的产品截然不同，可能自己曾经有过这样的历程，现在看到国内新的独立品牌，我们也会通过购买方式支持。

文： 最初决定开发自己的文具品牌动机是？

m： 长期从事设计工作，渐渐了解接案必须以服务客户为主，能够实践自己创意的机会仍然有限，经过日积月累的磨炼之后，对于出版和印刷经验日渐成熟，2012 年决定开始涉足我们热爱的文具设计。由于自身对于纸材的运用熟练，制程也没问题，加上我们一直很青睐纸张带有的温度，还有自己时常找不到一本厚度刚好、素白纸张，同时尺寸符合自己需求的笔记本。所以最初便从笔记本和纸卷笔开始入手。

文：Mumu union 最初是以何种方式和大家见面？

m：2012 年创业初期是透过 Facebook 主页发声，现在也利用诚品等实体书店渠道和大家见面，同时透过网络销售平台做销售。不过因为所有产品都有需要手工加工的部分而数量有限，但是能让自己亲手享受有趣的动手过程，并且保留产品的独特性。有时候还会很期待下班后可以做这些事。比起以前只是上班的生活，日子变得更踏实，看着自己笔记本上设计的草稿变成实品，也很有成就感。

文：现在的 Mumu 如何决定每一样生产的数量？开发时有无遇过印象深刻的困难？

m：除了有些产品视材料的数量而定，大部分都是以不囤货、新鲜为前提。一开始做纸铅笔遇到很多技术上的问题，从使用的胶水到完成后能不能顺利削笔，或是寻找理想的彩色笔芯。前后花了很多时间和工夫，一度差点难产，但最后还是一一克服了。

文：通过网络和客人的互动，与不时参与市集活动两者有何特别的不同之处？

m：现在网络上几乎每隔几天就可以见到新的产品或品牌出现，连我们配合的厂商，也有是直接通过

1 Mumu union 的主力产品：字典型笔记本和周边贴纸。因为发现坊间的笔记本常有使用时效的问题，于是产生动机。像字典一样厚度高达四百多页，内页使用米黄漫画纸，可以用来长期记录某一件特定的对象，写完一本之后，等同诞生了一本独有的书。为了方便索引，Mumu 另外又设计了页标签贴纸，无论是写完时的成就感或是保存性，都充满令人无法忽视的魅力。

2 方铜尺与闪电尺，材质为古铜。

3 Mumu union 的经典文具：图案尺，共设计三款图案，拥有镭射雕刻切割后自然的焦痕与味道，小物件还能搭配小五金 DIY 成饰品。

4 5 小徽章、小信封与明信片，小信封使用 Mumu 自己开发设计的包装纸制作，可以当作送给朋友小东西时方便又好看的利器。

6 因为参加市集和客人有过印象深刻的互动，而提到这款浩克款运动长巾，尺寸为 23cm×100cm，使用台湾制开纤纤维布。

网络找到并互动连络的，网络时代已经完全来到。透过网络推广和销售，客人们常会在网络放上开箱文，也会透过留言特地告诉我们他想要的文具和现有产品的意见。这样的互动方式有点像是共同创作，有一种和客人一起完成的感觉；参加市集和客人面对面也是很有趣的经验，有一次在中山小学的市集，一位残肢的客人看见我们一款浩克系列的运动毛巾，上面画了很多肢体，很兴奋地说：“我的天啊，这好适合我。”意外遇到那样正向开朗的客人，有着当初创作时没想到的意义，这样的互动也让我们格外珍惜。

文：请问目前品牌主要的客群？接下来有无其他计划？

m：以大学生和上班族为主，其中又以女生最多，男生大都青睐笔记本等实用性的文具，也有买来送礼的。也有不少妈妈喜欢买手卷纸铅笔工具组，可以和小朋友一起动手做。至于其他计划，我们现在还在开发的路上，很多想要做的产品都还没做完，将来会希望有实体店面，现阶段还是把重心放在接下来推出的新产品上。

文：请教平时产品开发的创意来源？

m：两人都各自有各自的发想，也会互相讨论。一方面会在网络上看，一方面自己很喜欢逛文具店，也会四处寻找新的数据。周围的友人遇见有趣的文具时，也会特地告诉我们。有时候参加市集和

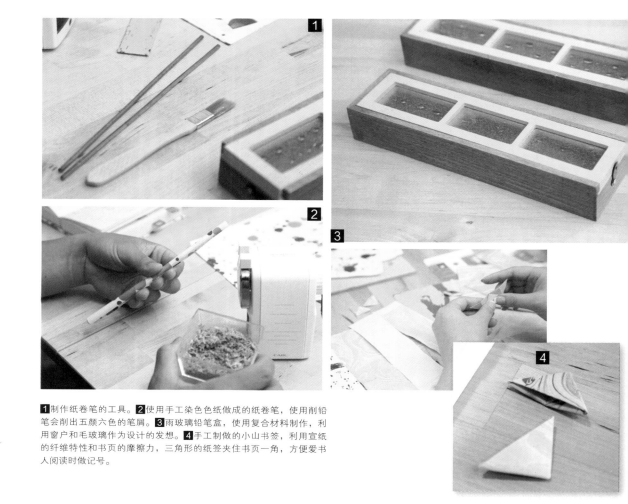

1 制作纸卷笔的工具。**2** 使用手工染色色纸做成的纸卷笔，使用削铅笔会削出五颜六色的笔屑。**3** 雨玻璃铅笔盒，使用复合材料制作，利用窗户和毛玻璃作为设计的发想。**4** 手工制做的小山书签，利用宣纸的纤维特性和书页的摩擦力，三角形的纸签夹住书页一角，方便爱书人阅读时做记号。

消费者面对面，透过互动会听到他们希望也有什么产品。主要的灵感多数来自自身生活上的需求，想到自己需要什么文具，在市场上也找不到时，就会有要不要来设计开发这样产品的念头。

文： 目前手上哪件产品过程最辛苦？

m： 脱离了纸材质都不容易，我们的量不大，大厂也不会理我们。像是雨玻璃铅笔盒，使用木头和塑料的复合材料，加上还有尺寸要求，师傅就会觉得很麻烦，露出"你们业余的怎么想来玩这个"的表情。

文： 这时代不少设计人也因为舞台有限感到困惑，能否以过来人和他们分享经验？

m： 在公司上班你可能只要把外观设计出来，后面就交给厂商制作。所以对于自己的产品的制成过程并不一定真实了解。就像设计一条毛巾，你要怎么把图案印在毛巾上，彩料会不会伤身？颜色保用多久？使用时会不会退色？这些都不是在计算机上画一张图这么简单。每一个过程环环相扣，学习过程不会比在公司上班轻松，尤其透过网络销售，相对得直接面对客户的反应，有时产品的稳定性可能比外观更加重要。虽然网络销售速度快，相对客户意见的回馈速度也快，好恶都会立刻让你知道。产品本质优劣还是客人最在乎的，不会因为透过网络营销而有所改变。

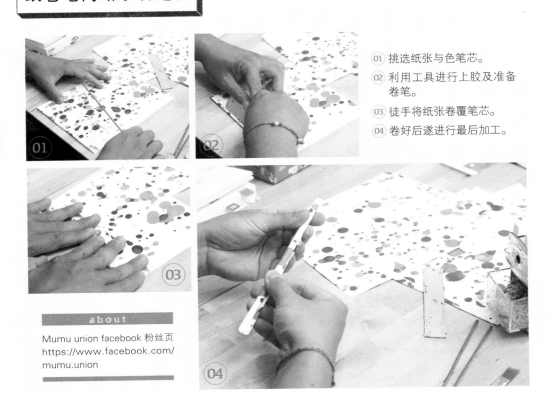

纸卷笔简略手制过程

01 挑选纸张与色笔芯。

02 利用工具进行上胶及准备卷笔。

03 徒手将纸张卷覆笔芯。

04 卷好后遂进行最后加工。

about

Mumu union facebook 粉丝页
https://www.facebook.com/
mumu.union

目录 | Contents

part 1 台湾插画家篇 | 文字・摄影 by 陈心怡 |

家人的爱，谱出**王春子**的美好人生。
上天赐礼，孩子，让**薛慧莹**转弯。
神奇手帐，开启**汉克**的美好生活之旅。
碎裂后的人生，**克里斯多**拼成美丽万花筒。
在天平两端拉锯，成就**吉**的创作世界。
来自猫星球，**Hanu** 用甜美带来希望。
信子边玩边画，绘本可以好好玩。
"只想在家工作"，**Vier** 的异想世界。

© Shinzi Katoh Design

© BANDAI

part 2 日本插画家篇 |文字・摄影 by 潘幸仑|

画出属于自己的设计之路！
专访**加藤真治**老师。

永远都要超越过去的自己！
专访**绘本《小熊学校》的作家与插画家**

绘封筒，邮寄一份幽默感给你。
专访日本**插画家ニシダシンヤ**

爱如繁花在书法里盛开。
专访**花漾书法家（花咲く書道）永田纱恋**老师

当艺术成为日常生活的一部分。
专访日本**迷你版画家：森田彩小姐&小牟礼隆洋先生**

插画与手作，实现儿时的梦想。
专访**阿朗基阿龙佐原创作者：齐藤绢代小姐&余村洋子小姐**

致 美 好 年 代

古董&经典文具

拿起蘸水笔跟着王杰老师，
逐一回溯至上个世纪，
工艺与动手书写的精致。

a

curio

&

writing

materials

属于那个年代的美好工艺设计，

经过时间的淬炼，

以现代的眼光探究，

依旧光芒不减，煜煜生辉。

这些梦幻逸品有些虽已令人扼腕地停产，

有的至今仍是长销经典款。

但不管怎样，

身为文具爱好者，

一同品味这些永恒的时尚，

探究历久弥新的文具设计，

绝对是至高的视觉享受。

no.02

{ 与快速反其道而行：
**王杰动手用蘸水笔
画出日常美好**

摄影·文字 by 陈心怡

王杰小档案

基隆七堵人，巴塞罗纳大学美术博士，专业画家。坚持放慢速度生活，双手不仅画画创作写文，还不时烧出一桌菜：有父亲的山东味、母亲的台南菜、也有自己思念的西班牙料理。他不是关在创作象牙塔中的艺术家，而是常常走上街为土生土长的家乡做点什么、说点什么的热血青年。

"王杰的绘画天堂"（网站与粉丝团同名）
http://chieh-wang.blogspot.tw
http://www.facebook.com/barcinochieh

智能手机几乎已是人手一部的日常生活必备用品，即使仍有少数人坚持不用太先进的移动电话，但仍难脱数字化的世界。"写字"这件事，不知不觉已经成了"滑字"或者"敲字"，试想自己上次拿笔写信、写卡片或者写文章是多久以前的事？

画家王杰就是这么一位反其道而行的经典人物，他不只画画，也拿笔写字；拿着上个世纪各式各样的蘸水笔书写歌德体。光是听到"蘸水笔"和"歌德体"就很陌生了吧？伍迪·艾伦通过电影《午夜巴黎》缅怀着过去年代的美好，王杰是通过蘸水笔逐一回溯上一个世纪的工艺与动手书写的精致。

蘸水笔的鲜活

对硬笔书法与西方艺术风格有浓厚兴趣的王杰，第一次接触蘸水笔是在大学毕业后，他出于好奇心想试试看，玩了一阵，这种硬笔西方书法实在太冷僻，根本找不到人学，加上当时网络也没有现在这么发达搜索一下就有影片示范教学，所以他多半时间先用铅笔与签字笔练习。

"虽然对外文书写不灵光，可是我觉得这是我的优势。"凭着这股信念，王杰到西班牙深造时，因课堂上需要做大量笔记，这让他有了机会好好练习硬笔书法。印象中，西方人写的字都不太好看，不过王杰倒是有另种解读："欧美人士写字虽丑，却丑得相当有味道，而且每个人的笔迹都不一样。"西方人的书写因为呈现真实样貌而显得生活化，这与华人追求单一美感的标准书写方式大不相同。

经过多年练习，王杰真正大量使用蘸水笔是 2003 年回国以后。王杰使用水彩快速记录一景一物，开启了他独特的旅行速写风格，但水彩笔画不出线条感，而钢笔的架构缺乏韵味也难以呈现景物柔和之美，意外地，他发现这些限制都可以在蘸水笔中获得解决，不仅换墨清洗方便、可迅速更换不同笔头创作，而且线条饶富韵味。透过画画熟悉蘸水笔的触感，当王杰再回头练习西方书法时，有了一番新的体悟。

各种不同笔尖与墨水，再加上纸质不同，蘸水笔画出的每一道线条都有出人意料的鲜活变化，任何可能性都有。"蘸水笔呈现的效果充满层次，太丰富了，让我可以不断有新的体验。"王杰边示范边说。任凭数字化媒体再进步，仍无法取代手感独一无二的美好。

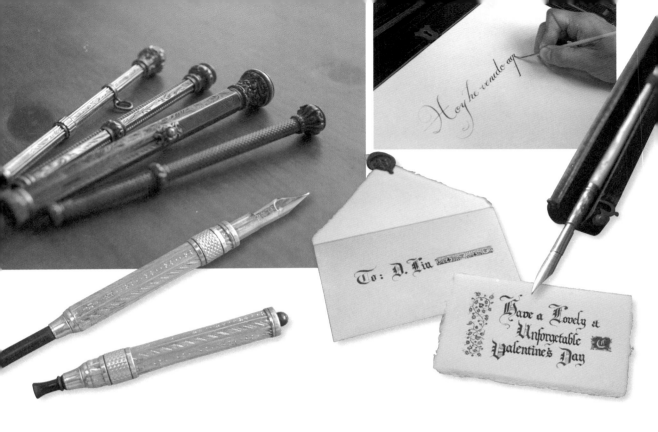

手感的美好

当我们看到他一笔一画写出宛如印刷体般的工整字体时，忍不住啧啧称奇，打从心底佩服这样的功力。王杰看似流畅地运笔、在纸上流转律动，背后所耗费的代价其实不小，连他自己都苦笑："我只想展现自己的成果跟大家分享，但我不会呼吁大家来写字，因为这太痛苦了！写一写，有时也会怀疑自己：这到底在干吗？"

刚用蘸水笔书写时，王杰花了很多时间寻找并描摹字体，但他不满足于临摹，"如果只是苦练实练，一定可以达到形式上的水平，但是如果要求表现情感与律动，我得找出自己的运动方式。"专心投入三四年，几乎每天要练上几小时，也不知写掉多少纸，王杰终于从运笔的顺畅感中写出自己风格。

坚持书写，是因为王杰认为人脑有着无限可能，透过书写可以探索被这时代遗忘的世界，不会僵化于扁平、快速、粗糙的均质数字环境中，"这仿佛是延展了我的生命与创作，透过笔墨，可以让我体验我不曾存在的时代，用实际触摸、尝试，仿佛在那里生活，我等于活过另一个时空，这很神奇！"

2012年，王杰撰写博士论文计划之前，他先打草稿，再用蘸水笔把草稿誊在特地挑选的纸上，洋洋洒洒写了五页，信封正面也以工整的歌德体撰写，再用蜡封，然后寄给教授；隔一年回西班牙与教授见面时，教授的反应让他非常开心："教授把我的信收得好好，因为他收到这封东方学生写的信，实在太惊讶了！竟可以把西方字写得这么好！"虽然只是一份博士论文提案，原本可以轻松快速地用电邮打字，但王杰费了一番功夫慢慢写，更让他相信，透过书写传情愈能恒温长久。

2

3

1 让人匪夷所思的墨水罐

王杰所有收藏中，就数这组墨水罐的来历让他摸不着头绪。外盒是金属制，里头三个非常小巧的墨水罐用锁固定位置，因为瓶身大，所以不会掉出来，"可以提、可以带着走，这么小，到底是谁在用？我无法理解为何有这种设计。"由于找不到任何制造商的信息，王杰只好自己臆测，可能是以前邮差、查票员之类的人在用。

2 灰罐

这两个看起来像是胡椒罐的瓶子，孔很大，但它不是装胡椒或盐的，而是用来装石粉。蘸水笔的墨量比钢笔多，以前人写完字，来不及等墨水干，就要撒点粉帮助吸掉多余水分。"灰罐"是王杰自己翻译的，西班牙原文是"拯救某件东西"的意思，意即透过灰罐，让字体稳定。

3 台制墨水罐

原以为墨水罐只有外国有，当王杰拿出这个有点像是毛玻璃的台制墨水罐时，我们都惊艳了。最有趣的是，这是他在网络上所购得，"卖家不懂，也可能是老烟枪，把这墨水罐当烟灰缸卖，卖得不贵，我赚到了。"

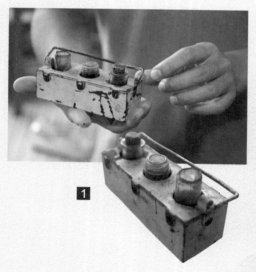

1

4

4 其他林林总总的墨水罐与墨水台

看到电影《大亨小传》里有跟自己收藏一样的英式墨水罐时,让王杰非常兴奋!他说,以前英国绅士出门时都会有个旅行包,里头必备的除了打火机、火柴、盥洗用品外,墨水与笔就是也是少不得的物品。王杰仿佛是上个世纪欧洲绅士的化身,带着浓厚的情感分享着令人目不暇给的收藏品,来源从西班牙、英国、德国到台湾,材质有玻璃也有陶,有的被清洗得很干净,有的则留有过往使用痕迹;每去一趟西班牙,他就忍不住去古董市场带回这些宝物,曾有一次全加起来约五十公斤,还遭海关盘问怎么买这么多?

{百利金

这套制图用的蘸水笔大约在 20 世纪 30 年代问世，那时还没有墨水管。每支笔头有不同口径，适合不同粗细。这款设计最困难的地方在于它的笔尖是上下各一片，可以增加夹墨量，但墨水会囤积在夹缝里，因此清洗完要把笔尖两片打开晾干。

{文具组

这些经典文具组通常都会包含蘸水笔、封印、修正刀、墨水罐、拆信刀、书签，多半是贵族使用。

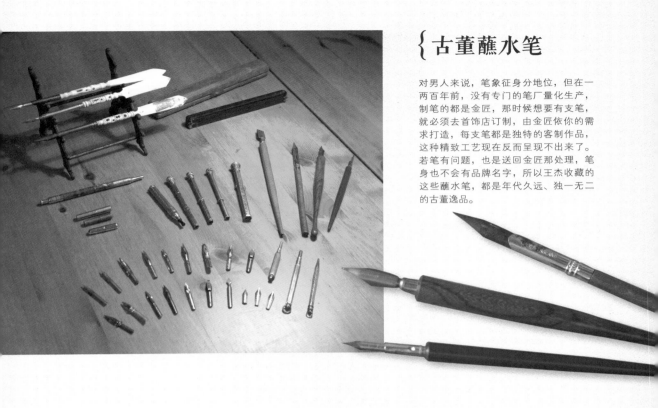

{古董蘸水笔

对男人来说，笔象征身分地位，但在一两百年前，没有专门的笔厂量化生产，制笔的都是金匠，那时候想要有支笔，就必须去首饰店订制，由金匠依你的需求打造，每支笔都是独特的客制作品，这种精致工艺现在反而呈现不出来了。若笔有问题，也是送回金匠那处理，笔身也不会有品牌名字，所以王杰收藏的这些蘸水笔，都是年代久远、独一无二的古董逸品。

达人心语

这本笔记本是我在无印良品买的，上面的字是我自己写的，多方便！你想自己用打印出来，还不一定印得上去；找人帮忙印，不知道要花多少钱；如果是自己写，可以又快又好。当我能够掌握书写时，就可以马上应用在生活中，这绝对会丰富生命。我写信给教授，就是最好的例子，不仅可以改变别人对你的观感，而且透过手与投入的心力所累积出来的能量，可以立即被感受到对人的敬意。

不过，我这样讲，听起来很容易，但做起来很花时间，的确辛苦，当然这也是大家宁可放弃的原因，感觉似乎很不划算，但我觉得怎么算，你都不吃亏，因为这不仅丰富自己的生命，同时也丰富别人的生命，在你生活范围里可以营造出无法被取代的感受。

{写字台

这个写字台是英国制造，美国早期受英国影响，也有很多人使用。写字台，顾名思义就是可以在箱子上书写，打开以后，里头还有很多小空间，可以放文具。最有意思的是，写字台通常会有一个秘密空间，可以上锁，也许是那个年代会需要存放一些机密文件（或情书？）。

[**Pencase Porn**]

拾起过去，书写未来

香港 City'super 资深文具采购
吴子谦（Patrick Ng）专访

文字·摄影 by 黑女
LOG-ON 及活动现场照片由 Patrick 提供

a b o u t

黑女

深知不可将兴趣变成工作，因此文具始终只是闲暇之余的游趣，
可以三餐吃泡面但不能不买文具。
关键词是纸胶带／笔记具／手帐，近期沉迷于刻章。
真实身份是专业菇农。
FB：BLACK DIARY
博客：http://lagerfeld.pixnet.net/blog

天星小轮与电车：
每个使用者
都是一座岛屿

对于如我一般在城市中移动的观光客，交通工具是旅程中的浪漫，但总是十分非日常。身处地狭人稠的香港，要移动到哪里都分外困难。原本从中环搭出租车过海不需十分钟便能到九龙，在访问的这一天偏偏出租车招呼站大排长龙，一辆车也没有，眼看就要迟到。

"你还是搭地铁或天星小轮吧，远比坐车快。"Patrick 传来讯息。

一向觉得"天星小轮好浪漫啊"的我，此时不加思索便循着他的指示，钻进了其实就在附近的地铁站，赶路赶得一额汗。然后觉得"噢，这才是日常。"

一见到 Patrick，他立马拿出甫推出便火速完售的限量版电车 TRAVELER'S notebook（以下简称TN），更透露："最近刚买了一部徽章机，之后在 gathering 的活动里也都可以使用，一拿到马上就做了电车图案的。"旅人对于交通工具的痴迷，可见一斑。Patrick 除了是香港 City' super 文具及礼品部门的资深采购，更身为 TN "骨灰级玩家"以及"Chronodex"时间管理表发明者，在 TN 官网上的"Professional Users"专栏，也刊载了他的独门 TN 使用法。他透露 2006 年在 ISOT 文具展的 Designphil 摊位内部设计竞赛中，就对 TN 一见钟情："一个人有三票，除了一票是人情票之外，其他两票我都投了 TN！它很简单，没有太多商业元素，从当时至今规格也完全没有更改，我觉得这反而是它成功的原因。"

在 TN 之前，Patrick 也曾是 Filofax 和 Moleskine 的使用者，但Filofax 过于沉重、设计不够精美；Moleskine 纸质则不适合钢笔书写，连橡皮绑带也会因潮湿而变松，不太适合在香港使用，TN 却满足了所有需求。因此 Patrick 成了 TN 在香港发售背后的推手，不仅致力推广"旅人式书写"，也努力让产品上市零时差。Patrick 打开电脑，里面是密密麻麻的销售表格和曲线图，2011 年的销售突然爆炸性成长。"之前一直都只是独立的贩卖，当时开始进行 'Travel Photo Café'的活动，结合了包括拍立得、咖啡和 TRAVELER'S notebook 等元素，我们邀请专业摄影师和大家做分享，怎样拍照、怎么做拼贴，再加上当时 regular 版本五周年纪念封皮发售，促成了香港 TN 使用者大幅

成长。"

　　"其实也就是因为这个时期，midori 的饭岛淳彦先生和设计师桥本美穗小姐他们来访香港，在中环天星小轮码头附近喝酒时，讨论到 passport size 的五周年版本要做什么？我说，天星小轮如何？每一个使用者都像一座岛屿，也许有很多的想法，却无法去分享，TN 使用者应该有更多的分享、聚会。"Patrick 说，分享和交通工具息息相关，"如果没有天星小轮、没有电车，没有交通，人人都活在分离的世界里，政经、社会发展甚至全球化也和交通脱离不了关系。"种种思索浓缩于一本笔记，于是催生了 TRAVELER'S notebook 和天星小轮、电车日后的合作。"不仅香港人每天会接触到船和电车，连外国人对于电车都有浓厚兴趣，它本身已经是具有历史、故事的交通工具，也希望将这些故事介绍给使用者，让大家重新以不同的眼光看看这些交通工具。"Patrick 回忆道，至今仍记得中学时代，带着爱华随身听、上电车一路坐到总站的情景，柔和的电车灯光、开车时的"叮叮"声，"虽然大家对香港的印象是很快、很嘈杂的地方，但是坐在车上，微风吹拂，会发现其实很宁静、很浪漫，是自己和音乐、和思绪对话的时光。"

　　"网络当然也替代了一部分交通的功能，但在网上交流，讯息来得既快又轻，却好像没有面对面交流来得实在。"Patrick 说，早在平板计算机上市前，他也用过包括 Pilot、Newton 等等 PDA，"储存在旧数字装置里面的东西，现在都不见了，甚至因为系统改变，根本无法存出。笔记本却不一样，它是拿得起来的过去，也是可以写下的未来，我觉得这很重要。"数字产品不断推陈出新，宛如昙花一现，反倒是非数字的笔记能够永久留存，深深体会到这一点，Patrick 连拍照也坚持使用底片机和拍立得，扫描上传后的照片在 Flicker 和 Instagram，仍然出色到被许多网友誉为"神级生火照"。

传说中的 Chronodex 时间表

　　由 Patrick 发想、制作的 Chronodex 时间管理表，因格式自由，成为不少文具发烧友的最爱，甚至连淘宝店家都看上它的魅力，未经授权自行贩卖"山寨版"印章。Patrick 透露，"我任职采购之后，负责日志和手帐的销售已经有十二年，每一年会经手三至五百种的日志，但在内页设计上，无论是月记事或周记事，大多采用制式方格，有些使用不到的空间被浪费了、写起来比较受限。"Patrick 说，正因为想要把工

作行程、会议和笔记整合在一起，却又找不到适合的手帐，干脆自己来，2011 年底终于设计发想出原创格式 "Chronodex"。

"它可以作为 mind map 的中心图案，每个人都可以针对自己的需要使用，但是我从未提出'官方用法'，有机会希望可以制作一部教学影片，与大家分享如何使用。" Patrick 表示，Chronodex 命名来自 "Chrono" 加上 "index"，意为 "时间的标示"，所以圆圈本身仅是指示，所有任务内容是写在圈外的："我是比较视觉的人，条列式记事容易忘记，Chronodex 却可以马上看出该做些什么。" index 中有三层 level，第一层代表优先度较低的，次重要的画至第二层，最重要的事务可以画至三层。每天行程的重要性和优先级，藉由颜色与层级区分，一目了然。每周周三在右上角、周四在左下角，周六、日一般工作较少，所以用表格标记。

一般使用者大多使用色笔或签字笔来标记颜色，但 Patrick 讲究地用水彩上色，"通常我每天都会带在身上的就是 TRAVELER'S notebook 加上携带型水彩，工作上突然想做一些插画或概念图时，也非常实用。" Patrick 笑称，有时手绘的草图看来不怎么样，一加上水彩的颜色，看起来就 "好犀利"，在会议上特别容易被采纳。

Patrick 把 Chronodex 时间表做成 PDF 文件，大方在网络分享，期间经过 11 次改版，"从第一到第六版是手绘的，最初图内全是空白，后来使用电脑绘图，加上了参考线，更容易画得整齐。"他笑说，不仅要记事，也要注重绘制出的美感，画出来杂乱无章可是完全无法忍受。经常工作到半夜的他，也在 Chronodex 上加入凌晨至半夜三点的区间，甚至为了研究 Chronodex 的可能性，特别替排班制的网友设计不同格式。而为了把 Chronodex 时间表化为手帐，Patrick 也和排版以及编页苦战许久，"现在的方式是用 A4 双面打印，裁掉左右不需要的部分对折，就是 TN 内页的尺寸。"他苦笑说，"出版印刷不是我的专业，所以光是排版确认时间日期顺序跟组合，就花掉很多时间，坦白说很麻烦，必须先做出一份手写草稿来确认，一本半年份的 Chronodex 手帐至少要制作三天。"至于纸质是一般影印纸，嗜用钢笔的 Patrick，也仍在找寻更适合的纸张让 Chronodex 再进化。

谈及淘宝网上的"山寨 Chronodex"，Patrick 百般无奈："其实很多商品在展览会时已经被盗版，就好像被偷了一样，一个月之后在淘宝上就买得到，根本拿他们没办法。"正因已将格式在网上分享，也错失申请专利先机。Patrick 表示，最初曾自行设计、找寻厂商制作 Chronodex 原子章，一枚可印三千次，没想到制作第一版样品后，厂商竟然宣告倒闭，他也因工作繁忙无暇再继续修正，他幽默笑称，"至少名称都叫 Chronodex，也算是替这个格式增加知名度，希望将来有机会，能有公司真正愿意生产 Chronodex 手帐。"

Patrick 目前使用的手帐内页共有三种，自制的 Chronodex 内页、手绘用的画用纸本，空白内页则作为会议记录和涂鸦使用。除了 Chronodex 之外，没有特别分类，生活中的想法、灵感、工作都会记录在手帐中。"会议相关大多是用 mind map 的方式记录，空闲时会想一些店面的陈列、手作的草稿等等，方格或横线都感觉受限，还是空白最方便使用。"Patrick 说，空白内页自由度大，发挥起来毫无限制，让他一试成主顾。

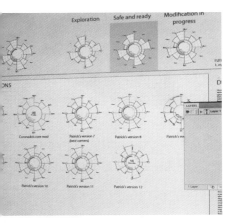

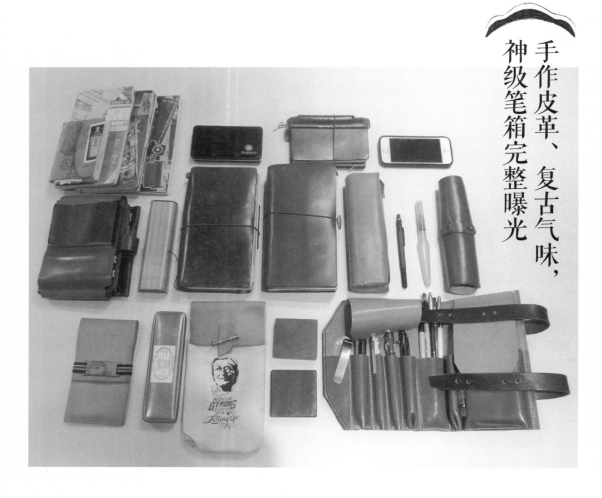

midori 黄铜笔箱

自家用工作桌笔箱，因黄铜材质容易发出声响，不适合随身携带，放置较不怕伤害的日常用笔。随着时间改变质地的黄铜，上盖贴有 Patrick 的部落格"Scription"复古风 LOGO 贴纸，内装日制 Point 自动铅笔、Parker Jotter 原子笔、Faber-Castell 原木杆 Ondoro 钢笔等笔记用具。

自制皮革笔箱

一拿出来令人惊呼"军火库"的初代自制工作用笔箱。Patrick 手作，实因"买不到"是创作之源，为了做出理想的笔箱，Patrick 报名皮革手作课程、还买了各式工具，第一弹作品在种种错误尝试下，花费数星期修改完成。

第一层包括可收纳两支 Kaweco 钢笔和制图铅笔的笔插，以及收纳 Mnemosyne 记事本的空间。概念和 Chronodex 同样来自 GTD（Get Things Done，行为事项管理），可以随时记下灵感和想法。第二层是 GTD 的 index card，同样是皮革制，印上包括 Project、Next Action、Waiting 等等字样，作为团队工作的整理。Patrick 表示，GTD 特别适合工作事项非常繁复的用户，可将脑中的想法立即写下、归档并画分重要性，对工作效率有极大的帮助。

1 TRAVELER'S notebook+ 笔套

随身的两本 TN，其中 passport 尺寸加上了自制皮革笔套，随身使用的是 Pilot 的 Capless 钢笔上白金碳素黑墨水，黑色笔身磨损后露出潜藏的黄铜色泽，意外地美。Patrick 坦言是"无心插柳"，原本因笔容易磨损，心一横干脆直接用砂纸打磨、甚至故意把笔和钥匙放在一起制造磨损效果，没想到照片一上传网络，竟掀起一股"Capless 自残风"，到首尔参加 TN 聚会时，还有粉丝仿照研磨 Capless，让 Patrick 直呼意外。

2 MD notebook 皮革封面自制笔箱

因为想要一个轻便、可装入约五支笔的随身笔箱，又恰巧摸到 midori 的 MD notebook 皮革封面，试装后发现刚刚好，于是自行裁切缝制后加上绑书带，制作了世界上唯一的笔箱。手作达人 Patrick 强调："制作非常简单！"笔箱中身并不固定，端视出门时想带什么笔、或当天工作所需，决定该装哪些笔。

3 自制"理想的笔箱"试作版

目前最常用的笔箱，又是巨大军火库，但 Patrick 表示，这只是"理想的笔箱"的原型（Prototype），因体积过大、携带不易，所以只能称为"试作版"。因现阶段没有缝纫机，只能以皮革手缝制作，计划未来购入缝纫机后再制轻便的布料版（黑：手作之路，果然很漫长！）

能携带并收纳所有需要的文具及工具，便是 Patrick 对"理想的笔箱"的定义，最常用的笔记具收纳在拉链式笔箱，可以随时分开或组合。笔箱中包括 Merchant & Mills 黑色线剪、尺、水彩用自来水笔、铅笔以及 REMBRANDT 携带型 21 色水彩等等，随身笔袋则有 MUJI 刀片、镭射指示笔等。

4 m+ Rotolo 卷型笔箱

因"卷起来收纳"的概念和精致外型而购入，看似娇小的笔箱收纳量也不错，当时打算用来当成灵感发展一些新产品，皮质非常美丽。

5 AvanWood STORIO 木制笔箱

"挑战材质限制"的笔箱，将坚硬印象的木头经过处理，做出柔软曲线，轻仅 55 克，内部有皮革包覆，可以保护笔具防止磨损。内装两支美国品牌 Conklin 的马克吐温系列钢笔，采用"弦月上墨"（Crescent Filler）方式，按压侧面的月牙形状，就能挤压笔管中的墨囊自动上墨，除此之外，也能防止钢笔滚落。

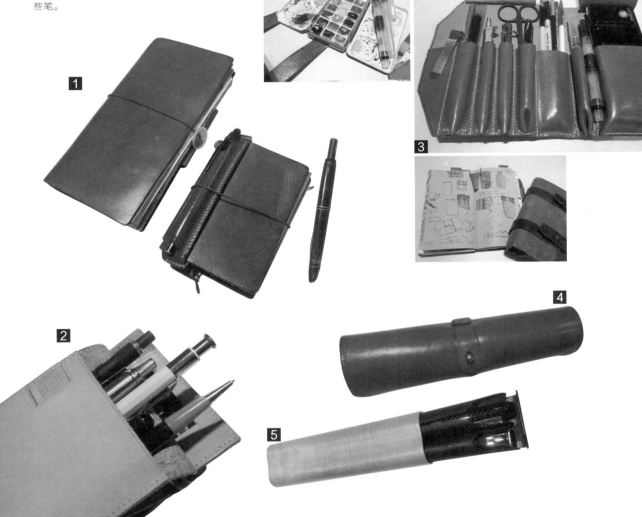

TRAVELER'S notebook
粉丝到港必访：
LOG-ON ToGather

DATE | LOG-ON ToGather
地址：香港铜锣湾名店坊（Fashion Walk）1F，F10-16 号店铺
营业时间：11：00 ~ 23：00

旅行中的各种纸片拼贴，成为独一无二
的回忆。（照片由 Patrick 提供）

在台湾，要找一个场所分享大家的手帐不
难，无论是咖啡厅、艺廊都不无可能，然而在寸
土寸金的香港，文具迷却足足等待了七年，才终
于成立"LOG-ON ToGather"这样的分享空间。
Patrick 说，"台湾像诚品或是咖啡厅，有许多空
间可以举行活动，在香港根本不可能，所以我们
去年 12 月在 LOG-ON 的铜锣湾店中设立了一个
手艺空间，可以拼贴、可以分享，也可以举行展览，
希望未来可以有更多的聚会和分享，和使用者建
立更长久的关系。"在其中的 TN corner，只要
带着你的 TN，就可使用现场的纸胶带、贴纸装
饰手帐，在 gathering 活动中还有古董压字机刻
印服务，为你刻制独一无二的皮革封面。

旅行是一种拾荒，包括旅程中收集的 DM、
纸片、糖果和行李吊牌、食品包装、树叶、报纸、
各种票根甚至是钞票，除了贴入笔记中，还有绝
招可以"资源回收再利用"。Patrick 亲身示范
将所有的旅行小物，全数排在扫描器上，扫描后
制成的图档除了纪念之外，更可以作成 A3 大小
的包装纸或是拼贴用的素材，或者裱框后就是很
好的装饰品。他笑称将图档打印输出后："只要不
小心放在公司的彩色复印机上、不小心按下影印
键就可以了。"

无论是票根或拍立得照片、甚至
是钞票，都能做为旅行拼贴的素
材。（照片由 Patrick 提供）

专访 文具的宫殿！——
文具王高畑正幸

◎文、摄影／黑女

哪一支笔的墨水可以写出的距离最长？某个牌子的橡皮擦屑，会是什么味道和颜色？如何凭着微小的零件答出文具的完整品名？已经停播的日本电视竞赛节目《电视冠军王》，为"达人"树立了无可超越的高标准，其中的"全国文具通选拔赛"，更可说是文具控必修科目。在该节目的竞赛中，连续夺下三届冠军的高畑正幸，人称"文具王"，今年在台推出新书《此生必逛的日本文具屋39选Plus严选文具40款》，趁此机会，文具手帖也进行了独家专访，直击传说中的"文具王宫殿"，与读者分享文具王的私房文具术以及对于文具的热爱。

《此生必逛的日本文具屋
39 选》野人文化出版。

必访！文具店

黑女（以下简称黑）：《此生必逛的日本文具屋 39 选 Plus 严选文具 40 款》中的店家，是如何选定的？

高畑正幸（以下简称高畑）：虽然平时就经常逛各地文具店，但是为了《此生必逛的日本文具屋 39 选》的出版，从和出版社的编辑讨论、选定要采访的店家，到实际采访并且写完为止，历时四个月，其中采访和写作大约两个月。书中的店家是从我自己拜访过的文具店中，挑出选物特别厉害的、或着是有非常值得一逛的特色的，也一起整理出包括"适合新手入门的经典文具店"和"个性派文具店"等特征。

黑：近几年的文具热潮带动不少杂志对于文具店的报导，为何会想写作《此生必逛的日本文具屋 39 选》这样的专本书籍？

高畑：因为平常就在日本全国各地做实演贩卖，接触文具店的机会非常多，也发现很多好店，希望可以和更多读者分享。由于制作期间比较短的关系，采访的时间也相当紧缩，比如后半部的当地文具店部分，就是从东京坐早上第一班六点的新干线到冈山，接着和摄影一起租车到 Usagiya 拍摄、然后是神户 Nagasawa 文具中心，接着在大阪过夜，隔天继续采访 Flannagan 文具店、然后前往京都惠文寺一乘寺店，行程相当充实。

黑：简直是两天一夜的关西文具之旅呢！

高畑：真的是，只有两天逛遍地方的文具店，然后东京文具店的部分也花了两天拍摄，其他没有我出现的画面，是麻烦编辑和摄影协助到现场拍摄的。最危险的不是体力，反而是一边采访、一边逛文具店，不知不觉就买起文具，像是在 Nagasawa 文具中心买了钢笔，光是在关西两天就买到十万日币（约两万八千台币），对荷包也是一大考验。坦白说，是非常愉快的文具店之旅，不过我也担心该不会版税还没到手就先花光了（笑）。

黑：希望读者们大力支持《此生必逛的日本文具店 39 选》（笑）。

高畑：有不少文具店都是因工作而成了朋友，借采访之便，也和很多之前未能好好聊天的朋友再次见面，印证实际去逛文具店真的很棒！这也是当初希望出版此书的初衷之一，希望大家都能体会逛文具店的乐趣。平时通勤途中、接受采访的空档，也会去逛逛附近的文具店，当然包括 Tokyu Hands、loft、伊东屋和世界堂这些在东京的大型文具店，每周去个两三次也是必须的。

黑：每个月几乎都有杂志撰文、电视节目访问，所推荐的商品，自己都会用过吗？

高畑：全部都会用！市面上的文具几乎都使用过，一有新品就会购入。反正我也买这么多了（指身后收纳柜，笑），除了一年顶多用个一两本的手帐之外，包括笔记具在内的文具，所有推荐给大家的文具我都会自己使用过，才发表评论。

从文具控到文具王

黑：还记得一开始是如何对文具产生兴趣的吗？

高畑：我出身日本四国的香川县，小学时在回家的路上有一家小文具店，当时没事就会泡在里面"挖宝"，就像有人会到书店看书打发时间，我是"如果不在文具店，就是在往文具店的路上"。后来跟老板娘混熟了，去文具店时，除了浏览店内贩卖的文具，还可以翻阅厂商寄来的最新目录，向老板娘下订单说："我想要

文具王收集的古董文具，包括订书机、计算器等，其中大部分至今仍能使用如常。

这个，拜托进货吧！"三十年前的香川，不像现在什么都买得到，也没有网络，但是当时这种"隔空邮购"，让我接触到更多的文具，可以说是对文具的兴趣的原点。那间店如今还存在，偶尔回老家香川时都会去看看，一走进去就感到非常怀念，还被老板娘说："你一点都没变呢！"

黑：过去都是怎样取得文具情报的？

高畑：大概国中时期，当时有本已经停刊的杂志《B-Tool》，是关于文具的专门志，我非常爱看，每期都会买。从1988年创刊号到1992年的停刊号，总共四十余本的杂志，至今都还非常珍惜地收藏在书架上。

黑：不愧是文具王，不仅买得多，收纳的方式也相当惊人，就如书中所示，工作室有一整墙的文具箱，请和读者分享收集的心得以及收纳方法。

高畑：一开始是从香川到东京千叶上大学时，买了两个MUJI的塑料箱装文具，当时只是随便把东西塞进去，但从那时开始，大概发展十五年就会变成如今的模样，从房间的地板直到天花板，都堆满箱子。(笑)

收纳的要领其实很简单，算好空间之后，最好一口气购入收纳的工具，比如箱子，不要一次一个一个地买，应该买好全部需要的数量，视觉上才会统一，可拉出的抽屉则用标签机贴上里面的内容物，同类的放在一起。像是签字笔、铅笔、橡皮擦这一类的文具，因为使用后就会减少，还有为了杂志专栏，会将它们解体研究文具的构造，买的数量也会比较多，同款文具至少要买三个，一个日常使用、一个分解用、还有一个备用。

黑：分解文具是一般人在家能做到的事吗？（惊）

高畑：大学时代念的是机械工学，所以这方面算是我的得意领域，另外就是家里也有相关的工具，并不困难。当然为了收纳，生活什物必须维持在最低限度，比如厨房只有一把菜刀和简单的食器与餐具，下面的空间打开都是些电钻之类的机械工具。

黑：这样的收纳量，搬家时相当辛苦吧？

高畑：的确呢，文具的收纳箱总共有150个以上，光是打包就费了一番工夫。2011年东日本大地震的前几天，我正好搬家，从千叶搬到东京都内，庆幸的是因为刚迁入新居，当时所有的文具都还收在纸箱中，因此毫无损伤，如果再遇到那么强的地震的话，真不敢想象会怎样。

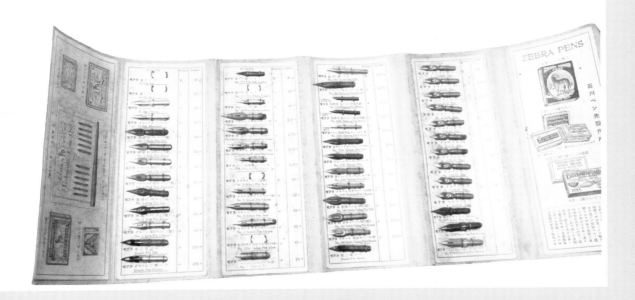

黑：有什么您想入手、但却擦身而过的梦幻逸品吗？

高畑：实在是太多啦！文具这种道具，出自于人的思考，用途是解决生活中遇到的诸多不便。我特别喜欢研究设计者的意图，比如制作的人想要解决怎样的问题？又是用什么样的方式解决？像是在门口放置的古董订书机、计算器和连续日期印章等，有些甚至是明治或大正时代的产品，如今早已绝迹，收集这些百年前的古董文具，观察它们的构造和作用，就好像拜读前人的智慧结晶，非常有趣。

见微知著，文具王的巨细靡遗

所谓的"实演贩卖"，是在卖场实际示范并解说文具、促进消费者对商品了解的活动，乍看之下不难，亲身参与却宛如战场。"在面对一般消费者时，他们的意见非常直接，比如这支笔为什么要这么贵？所以废话不可多说，必须以实例立即让他们理解文具的优点。"文具王如是说。

在示范剪刀、笔等文具的用法时，都会用到纸，因此行李箱中有大量的纸张。固定的道具分别收在拉链袋中，甚至还有一整台重达1.4公斤的"直线美"胶台，理由是"商品单价较高，与其浪费地拆封店内的新品，不如自己带。"（黑：超帅！）因为行李总是超重，所以在出差坐国内线前几天，会先整理好宅配到活动现场。

彩色的纸张是示范MAX的桌上型订书机"Vaimo 80"时使用的模板，与其拼命解说"订起来很轻松唷！"不如让现场观众实际从10张一路订到80张来得更容易了解，可以订80张纸的订书机究竟有多威猛。

KOKUYO的"Novita"60枚文件夹，可伸缩的背幅、平整不会翻起的封面，让它能够收纳多达600张的A4纸张，为了让大家立即理解600张A4到底是怎样的概念？只要准备尚未装入纸张的文件夹，和已经装入600张纸的文件夹，一相比较之下，保证现场惊呼连连。

窥视文具王的文具术和手帐术

◎随身用笔箱：KOKUYO Neo Critz 直立式笔袋

笔袋的内容经常更换，但爱用的 uni Jetstream 溜溜笔和 Pilot Frixion 魔擦笔算是固定班底。Jetstream4+1 溜溜笔使用 0.5 笔径，就算忘了带笔袋，只要上衣口袋里放着这一支就能应付日常的书写，

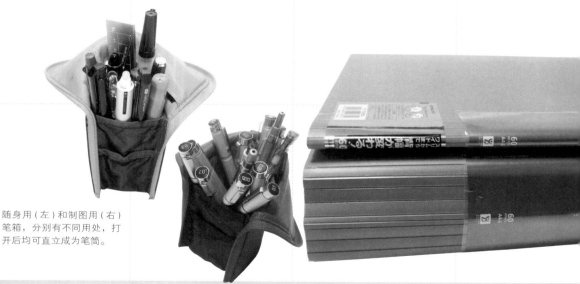

随身用（左）和制图用（右）笔箱，分别有不同用处，打开后均可直立成为笔筒。

是不可或缺的爱将。常用来写笔记或手帐的笔记具包括 uni RT1 超级自动钢珠笔（特别喜爱 0.38 的蓝黑色）、uni Propus 窗口荧光记号笔、Frixion 的四色魔擦笔等，钢笔则是 Pilot 的 Elabo、Sailor 的 Profit 长刀研、Pilot Heritage 92 透明钢笔、Pilot 的 Kakuno 微笑钢笔。钢笔上墨大多是蓝色或蓝黑色，基本万用又稳重，任何场合都适用。吴竹的"完美文笔"自来水毛笔，则是用来写较正式的谢函或贺年卡。

◎制图用笔箱：KOKUYO Neo Critz 直立式笔袋

包括在"文具王的文具店"（http://bunguoshop.com）购买商品时会附上的四页"文具王的文具店研究报告"中的精美插图，以及《究极的文房具目录》里出现的文具插图，都是由这个笔箱产出的。用来打草稿的是 Staetler 的 Mars 780 工程笔以及 Zebra 的 Tect2way 自动铅笔（B 笔芯）、Tokyu Hands 的赠品 KOKUYO "三角自动铅笔 0.9mm"，墨线则用 Copic 的 "Multiliner" 代针笔。因为绘图时的消耗量很大，加上大量直线绘制、笔压较重的关系，笔尖容易磨损，所以选用可以换笔尖和笔芯的 Multiliner，根据文具王表示，像 0.05 这样细致的笔径，光是画一张插图就要换三四次笔尖。

◎特别收藏：Pilot Capless 钢笔

因为喜欢 Capless 钢笔的按压即写，从学生时代就开始收集 Capless，拥有不少目前已绝版的款式，也经常在跳蚤市场、二手店或网拍注意想要的旧款 Capless。据文具王表示，旧款 Capless 钢笔的外型较为有棱有角，雾面黑等颜色设计也极为经典，虽然日常还是使

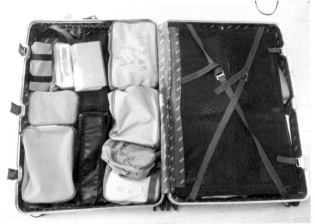

文具王的行李箱没有杂乱物品，连直线美胶台都整齐收纳。

由文具王设计的文具
王手帐，兼具功能性
及收纳性。

用现行款式，但偶尔也会将绝版款上墨使用。在思考的时候、或是单纯想要书写的时候使用钢笔，感觉会特别流畅。

◎手帐：Access Notebook+ 文具王手帐

写手帐的时候，大多用 Frixion 魔擦笔，因为经常要修改，可以立即擦掉不留痕。笔记时参考明治大学教授齐藤孝提倡的"三色笔记法"，红色代表最重要或紧急的待办事项，蓝色是实演贩卖等工作上的待办事项，绿色是私人行程，黑色基本上不使用。原因是包括讲义、数据等文件大多是黑色印刷，如果再使用黑色记述，反而造成视觉混淆有碍思考。

❶Access Notebook：由文具王自己开发的笔记本，比 A5 稍宽的大小，可将 A4 对折后直接贴入，因为有详细的目录及页码，查找非常方便的缘故，大多和工作有关的都记入在 Access Notebook 里。每项工作以两页为基础，目次中红色的部分是工作的进度以及实演贩卖的行程，蓝色是宣传、访问等工作事项，绿色是与工作无关的私人行程细节。

针对细项繁杂的工作，即使是 e-mail 的内容，也会印出后贴在笔记上以便随时确认。因为工作内容往往会来回沟通多次，光是查找 e-mail，很容易迷失在茫茫网海，找不到需要的那封信。或者是在无法上网开信箱看邮件的时候，如果有打印的版本反而会更有效率。不过，如果贴上太多数据，笔记本也会变得很厚，怎样使用才是最佳的状态，我自己也在不断地尝试和修正之中。

❷ 文具王手帐 + 智能型手机：同样是由文具王开发的手帐，特殊的尺寸可以将圣经尺寸和 A4 四折尺寸的纸张收纳其中，封面为了方便作业采用魔鬼毡，只要在常用的 USB 随身碟、手机背面也贴上魔鬼

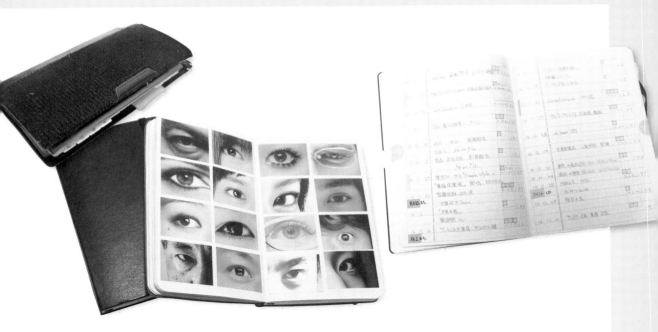

毡，就能瞬间合体、一起携带。目前细项行程大多使用智能手机管理，使用的是"Staccal"行事历 app。Staccal 可以和 Google 月历同步，因此会先在计算机上编辑输入后，和手机同步。

手帐和 app 的颜色分类也是使用三色法，实演贩卖以红色框起、蓝色是其他工作待办事项，绿色是私人行程，看颜色所占的面积就能知道大概占用的时间，将行程可视化，一目了然。手帐内页只使用月记事和 memo，将 app 的行程大概记录，作为提醒之用。memo 则记录接下来要写的报导或着部落格文章的草稿、随手笔记和读书心得等等，别人的想法或名言使用蓝色，自己的创意用绿色，也是同样的道理。累积到一定程度后，会把有用的创意重抄一次，或裁下贴进 Access Notebook 中，方便日后检索和查阅。

◎愉悦的剪贴图库：Moleskine

近两年才开始的"图像笔记"记录法，在忙碌的工作之余，把杂志、报纸甚至是广告传单上的图片作成拼贴式的"灵感笔记"。平时就会囤积有趣的素材，使用 Moleskine 笔记本和方形切割器，把含有类似元素的图片贴在一起，比如颜色、或是部位等等，倒不一定是和工作有关，只是在贴的过程中会感觉很愉快、非常专注且集中，甚至连旅行中也会收集某一主题来贴。另一方面来说，除了是对自身表现力的训练，也算是休闲的一种。

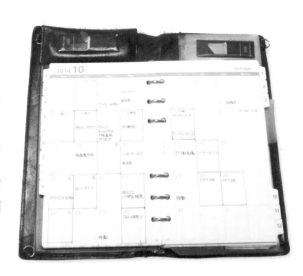

插 画 家

笔 下 的
色 彩 人 生

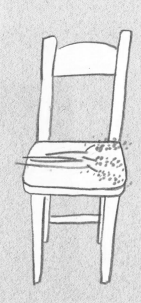

台湾插画家 VS. 日本插画家

创作是一条孤独又漫长的路，
成就梦想的背后伴随的是无限的热情与坚持，
令人艳羡的插画家，他们所拥有小小名气绝对不是运气，
在跌宕及磨人意志的挫折中，
不仅滋养了创作的养分，更坚毅了人生的目标。
欢迎进入插画家的异想世界，
了解他们在梦想与现实的差距间，
如何激发创作的涌泉。

part 01

台湾插画家 篇

采访·摄影 by 陈心怡
部分照片 by 插画家们提供

受 访阵容

家人的爱，谱出**王春子**的美好人生。

上天赐礼，孩子，让**薛慧莹**转弯。

神奇手帐，开启**汉克**的美好生活之旅。

碎裂后的人生，**克里斯多**拼成美丽万花筒。

在天平两端拉锯，成就**吉**的创作世界。

来自猫星球，**Hanu** 用甜美带来希望。

信子边玩边画，绘本可以好好玩。

"只想在家工作"，**Vier** 的异想世界。

 陈心怡

曾是政治新闻记者与编辑，但无法满足嗜读与撰文的饥渴，
所以决定离开舒适圈，只跟喜欢的人、事、物在一起，
用文字、影像娓娓道来一个个小故事。

FB：女巫心怡的小书房
博客：http://blog.udn.com/witchirene/article

王春子 小档案

台湾艺术大学视觉传达系。
网站：王春子 chuentz.com
独立出版品：
《一个人远足 be strong》
《风土痣》（与沈岱桦合创）
欣赏的艺术家：廖建忠（春子的丈夫）

家人的爱，谱出王春子的美好人生。

上网 Google "王春子"，跳出来的前面几笔资料，从插画家、作家到生活艺术家都有。根据不少报导描述，他们一家在台湾省台北市的八里山区，过着一边创作一边带小孩的生活。在这人人都向往小确幸的年代里，"王春子"几乎成了都会里某种主流所憧憬的美好生活代表。面对自己留予大众这样的印象，春子笑着说："我们的生活真的很平凡。"

2014 年底，初次与她联系采访，她们一家三口正在法国驻村兼旅游。等春子回国后，我们定好采访时间，循着春子给的地址前往拜访。"咦？怎不是传闻中的八里？是在台北市中心的台铁宿舍？"我心头纳闷着。

当小确幸遇到大低潮，伙伴支持最重要

原来，这是台铁为了鼓励文创产业而释出的老宿舍，用比一般市区便宜的价格出租给艺术家。怎奈，不到半年光景，台铁传出要开始都更，原本春子的丈夫廖建忠计划除了纯艺术的创作外，要开始设计家具品牌，并以此为市中心的工作室，但眼前计划似乎增添了变量。

那天阴雨微寒，踏进春子一楼的住屋，她和最佳工作搭挡沈岱桦刚忙完，两人正在嗑便当。春子与岱桦结缘于《乡间小路》，后来两人在 2012 年决定共同创办《风土痣》，一个负责美术、一个负责文编，两人希望能用不同的视野对台湾这块土地多些观察。但如果因此以为她俩是多么以肩负使命为重的文青组合，那可就错了，她们异口同声说："我们常打架，你没看到而已。"从我一进门，两个女生就不断唇枪舌战，岱桦先打枪春子："你可以跟柯P一起去上上礼仪课。"春子冷冷反呛："我会深夜检讨，但我真的看不出我有问题。"

事实上，当春子决定在 2014 年秋天跟随受邀驻村的丈夫一同前往巴黎时，她正面临着前所未有的低潮。大学时就一边念书一边在《蘑菇》从事设计，直到后来自己出来接案创作，十多年过去了，春子不是没沮丧过："以往休息调整一下就好，但这次有点怀疑自己是不是真的喜欢目前的工作，还是一切都只是误打误撞的结果？如果叫我转行，我也不知道可以转到哪？走到这程度，我才发现我会的工具就是这些，如果转行，等于从零开始……"弹性疲乏的春子，就这样带着儿子跟着丈夫出国。

去巴黎这三个月，她唯一能做的就是浸泡在当地的艺术团体里，不断跟人分享讨论，就算只是聆听，也有收获。"看他们对艺术的热情，边听边想自己的事情，我有种回到原点的感觉，原来我只想做自己喜欢的、而且是好作品，那这是什么？

春子与爸爸妈妈。

答案自己都知道。"

在岱桦眼里，春子的迷惘可一点也算不得什么人生黑暗："她其实像在爬山，却突然遇上一阵迷雾，一下子不知道自己在哪里，但事实上已经快攻顶了。"上一刻还在斗嘴的，这一刻两人随即展现相知相惜的情分。对春子来说，一路上，好朋友的鼓励真的很重要。

蓝领父母是春子的摇篮

在家排行老大的春子，还有弟弟

春子心爱的一家三口。

和妹妹，从事水泥工的双亲，特别是妈妈，可以说是春子三姐弟的艺术启蒙者。母亲虽然只有高职学历，却热衷艺文活动，常常带他们去看展览、看戏，也让他们去学陶、学素描，唯独升学补习没有，比起课业，春子妈更希望他们自由快乐。

春子小时候对艺术的梦想是做POP海报设计，"那真是孤陋寡闻啊，我不敢说自己未来要成为一名艺术家，觉得那样的梦好高好远，所以就拉回现实想想，跟美术有关的工作是什么？超市有POP，高中又常布置教室，所以就把这当以后的职业，后来才知道根本没有这种工作。"春子虽然大喇喇调侃自己年少时的梦，但谁说这不是隐隐牵着她的人生方向踏入《蘑菇》做设计，打下了日后创作的重要基础？

《蘑菇》的工作环境让春子能以类似学徒的方式扎实地从基础做起，从提案到完稿，案子形形色色，动画、企业形象、刊物或品牌都有，即使春子年纪轻，也能有机会提出自己的创意，并落实成商品。不过时间一久，春子对于"究竟自己的产出在哪儿"感到焦虑："上班时，所有点子都是给公司，好像签了卖身契，每每回头看，很多时候你无法确认哪些是自己的作品，因为这是大家一起讨论的结果。我在公司里，一直看不到自己的完整性，看不到自己的风格与作品。"

另一方面，男友（现在的丈夫）早就出来接案工作，生活自由自在，全凭自己安排，弹性空间让春子羡慕不已，于是下定决心离开《蘑菇》，展开她的接案创作生涯。

崇尚艺文的双亲，一点也不担心春子的选择。因为春子爸妈也很厉害，他们一家三口在2014年一起做了件事：妈妈写文、爸爸绘图、春子设计，最后再加上特约编辑岱桦，完成了《泥地字花》这本书；据说，春子妈妈将有第二本著作问世。妈妈年轻时的文艺梦，先在春子身上实现，女儿长大回头协助自己创作，这家人的对文艺的热爱，在一般劳动阶层中应是屈指可数的异数。

原来，养猫养狗不等于养小孩……

工作原本只需考虑自己的时间与空间，有了儿子以后，全都得洗牌重来。当春子思考工作，儿子可能随时打断；当春子阅读，儿子会跑过来硬塞一本书，要妈妈陪读。随着儿子出生、成长，春子有机会从这面镜子回溯自己儿时，有熟悉的重叠，也有属于儿子带来的新世界。

虽然生子的确是在春子的人生计划中，但令她意外的是："有小孩的生活超乎我的想象，我养过猫狗，还以为差不多，结果才知道……差很多！"看到宝贝儿子的模样，春子这才明白：养猫，出国可以托人照顾，但小孩不行；猫顽皮乱咬，顶多处罚一下就行，但小孩不乖，可不能任由他继续。

不过，也因为有了孩子，在出版社一句"你有小孩，要不要写个绘本"的邀约下，春子从美术设计跨界图文创作领域，《妈妈在哪里》就是她在儿子一岁时完成的作品；2015年9月，将有第二部绘本诞生。这些绘本背后，是因为春子发现小孩天马行空的逻辑会让父母跟着改变，许多大人习以为常的事情，对儿子来说，都是珍贵的第一次。被门夹到手、刷牙、跌倒等，与儿子一同面对他的新鲜经验时，春子也有机会回头检视并疗愈自己曾有的过去。

儿子非但与猫狗截然不同，还带来更多珍贵的体验，那同为艺术家的老公，给了春子什么样的人生养分？我们原本拟了一个访题是"哪位艺术家影响她最深？"春子说，这题目很难回答；采访前，她跟丈夫聊到这个访题："我告诉他，我想跟记者说，你影响我最大！结果我老公一直说不要。"春子哈哈大笑，岱桦在旁听了直起疙瘩。

从父母启蒙的摇篮，再到丈夫的交流陪伴与儿子灌注的新养分，春子和家人间的紧密交流，不仅是人生最美好的风景，也是她源源不绝的创作动能。何止小确幸？这根本是气势磅礴的生命交响曲。

春子与好搭挡沈岱桦。

代表作品的故事

著作

一個人遠足 [Be strong]

风土志 no.00

醃渍

《你的早晨是什么？一个插画家的日常见闻》

这是春子从 2008 年自由接案后持续记录到 2014 年的散文作品，每月一篇，主题都是日常生活。当她决定接案为生时，也不知道自己能撑多久，不知不觉中，不仅确定了接案创作形态，与丈夫从男女朋友变成夫妻，然后生小孩……这七年无异是春子人生变化的关键阶段，就是这么刚刚好，记录了下来。当时的不确定到现在的稳定，春子明白这是她要的生活，没有错。

插畫家的尋常一日

出場人物介紹：

Tarko 黑白花貓。2008年生 最近的外號是「胖胖」

一家之母 插畫家本人

拉拉 毛色金黃的貓 於2013年過世

阿爸

石开人

给想插画创作的你

如果很确定想做插画或者设计，
就好好去选择每份工作，
因为工作环境对自己接下来要走的路，
影响很大；
已经是自由接案的人，
一开始会有很辛苦的时候，
但要撑下去，有时候撑得了一个月，
就可以撑得了一年，
只要撑过两年，就会慢慢稳定。
如果你有冲动，就凭着冲动赶快做，
这是最重要的力量。

8:00 手機的morning call響了繼續睡，還是爬起來。
9:00 跟老公小孩子各起床，快樂的吃早餐。
10:00 一家三口騎著單車在車前往住住相館。
　　 阿弟每次都慶煥哭再三又大哭無聲不想F:lin
　　 小孩會發生活的這遇見的的幸事早要多。
　　 說些事。
11:00 回家吃早餐，喝咖啡，幫先生泡茶，
　　 喝咖啡……，依小孩不在可以做的事。
12:00 上網或看書，做女孩的電，自結時間。
13:00 吃午餐，畫畫都是先生當廚。
14:00 工作，畫圖，打字或找資料。
　　 偏畫和動做較勤快，有時談工作。
15:00 繼續工作，有時中途去看先生的工作。
　　 給也要記來鬧。
19:00 接小孩回家，準備上第二個拓育陪闆小孩，
20:00 吃完晚餐後，先生沙發看書或陪小孩
　　 寫，小孩也看自己玩汽車。
22:00 幫小孩刷完兒看書，小孩曲諮大人唸小一次。
23:00 小孩要去睡覺，會有時聽的N部曲
　　 的在床上哼乂晚睡時，馬阿阿爸爸，要求
　　 讓孩子，身體躺下著身著去身油，想忘
　　 搔搔，笑笑……，最作要求好媽媽
　　 一起好玩。
N:00 全家在不知不覺中睡著。

薛慧莹 小档案

朝阳科技大学视觉传达设计系。
博客：下班后的画画课 http://mayhsueh.blogspot.tw
欣赏的艺术家：族繁不及备载
出版作品：《一个妈妈，两个头大！》（新手父母）
《4 脚 + 2 腿：Bravo 与我的 20 条散步路线》（文：Gayle
Wang，薛慧莹插画，依扬想亮）
独立出版：《日，常美好》《我的 A to Z》《当我拥抱一棵树》
《看展的人》

上天赐礼，孩子，让薛慧莹转弯。

如果有一栋平房坐落在一大片田间，视线所及再没有其他屋舍，只有蓝天和绿林，这样的生活环境，听来是否让你欣羡不已？薛慧莹就是在台湾省桃园县龙潭的某个角落与同样从事插画创作的丈夫徐铭宏、两个儿子生活着。

因为他们的家地点幽僻，朋友要前往拜访时，通常在龙潭下车后就得开始问路；采访那天，我虽然没有问路，但跳上出租车后，发现连当地司机也找不到这个地址，索性下车自己用"11 路"找，独自在这条大路上来来回回两趟，终于忍不住拨了电话。原来，他们这栋红色的房子早就在我眼前……

辞职回家只为当妈妈，创作是意外

还没走进屋内，就先被屋外四周种满了的各式各样的盆栽给吸引住了，喜欢动手的慧莹，这双手不只画画、种花、捏陶、版画样样玩，当然身为一名"家庭主妇"，下厨、泡茶、乃至家政妇的工作，也少不了。"做菜喔，我每次下厨煮个几天，小孩就求我别再煮了。"慧莹很老实也幽默自嘲对于厨艺不是特别有兴趣。

娘家在新北市泰山，慧莹婚后原本与丈夫住在台北市新店，当时她仍在康轩文教集团工作。早在进康轩之前，她就在出版社从事儿童插画，包括儿童杂志、幼儿园读本，进康轩以后继续这样的工作内容，稳定地上班下班。直到大儿子出生，平日托给母亲带，假日才把儿子接回，这让慧莹意识到：她很希望亲自带孩子，而丈夫也有同样的想法。

"决定离开康轩，就只是因为想自己带小孩，但我又怕失去一份稳定收入，所以卡很久，直到老大十个月，我才下定决心辞职回家，然后也想有点私房钱啊，就开始接点工作，一开始根本不是为了转换跑道、也不是为了成为专职插画家。"从儿童插画慢慢转向大众风格，这转变对她来说，纯粹是为了教养孩子无心插柳的硕果。当婆家决定要在自己的土地上盖屋时，慧莹肚子里也有了老二，他们一家四口便从台北搬回龙潭定居。

这栋房子空间很大，光线明亮，一进门，尽是慧莹两宝贝的鞋子，还有室内沙坑随时可玩。目前大儿子念小学、小儿子念幼儿园，两个活泼好动的小男生在屋里屋外跑来跑去，我采访妈妈时，哥哥也想跟我分享他的画作，弟弟比较害羞，低头玩着自己的沙堆；屋内墙面贴满儿子们的涂鸦，他们三不五时还可以玩起躲猫猫，真的可以躲到天荒地老让当鬼的难以翻身。二楼是慧莹与铭宏的工作室，两张超大

慧莹与两个宝贝儿子

桌面在中央并排着，他们既是夫妻也像同事、伙伴；的确，慧莹几本独立出版品，《日，常美好》《当我拥抱一棵树》，都是她绘图后，再请先生写上短文，市场反映出奇好。"不少人跑来告诉我，很喜欢里头的文字……咦？不是说我的图画得好！不过我也觉得他写得真好，原本六十分的图，被他一写，整本书变成八十分了。"这就是慧莹让人觉得可爱的地方，有点傻大姐、眼里总是充满美好。

你想过怎样的生活？

"我觉得会选择插画当工作或者志业的人，一定从小就喜欢画画。"慧莹小时候跟一般爱涂鸦的孩子没什么两样，在念复兴美工之前，并没有受过正规的美术教育；进了高中以后，是插画课老师开启了慧莹的视野，"当时台湾没什么插画家，后来才有几米出现，老师影响我很大，我从那时开始喜欢上插画。"当年台湾插画出版品有限，只有早年的诚品书店进口国外绘本，慧莹就常往那里跑，慢慢存钱把昂贵的绘本买回家。

慧莹知道自己喜欢的是插画、而非纯艺术，而插画比较有设计概念，因此大学时她选念朝阳科技大学视觉传达设计系，毕业后，先在设计公司待了一阵，接着就转往出版社担任美编，一直以插画为业，直到现在。

一路下来，看似都在慧莹的期待中行进着，但儿童插画画久了，仍不免觉得腻，因为风格要很可爱、颜色要饱和鲜艳。"我一直以为我不会画这领域之外的东西，可是我又想要画点什么是自己想要的……"内心翻搅一阵之后，她决定先用当时兴起的博客做为自己创作的展示空间，接着开始就有人邀请她开个展与合作接案，这对已经从事插画工作多年的她来说，才慢慢有创作感觉浮现。

放弃康轩优渥的工作、回家接案带小孩，家人怎么看？"我妈我婆婆都很担心啊，到现在还是！"慧莹鬼祟偷笑说，长辈看他们夫妻俩要养两个小孩，常常关心他们到底有没有存钱？"但说真的，插画这领域，能养活自己是差不多，如果真想赚钱，还是去做生意比较快，所以我的小孩都念公立，不是私立幼儿园。"

以接案维生，日子不免有时会陷入案源不稳的状态，不过，慧莹很清楚他们夫妻想要的生活是什么，有一间能够遮风避雨的房屋对他们来说，已经足够："我真的不太担心经济，也不是会想很多的人，即使有一丝丝不安，也是一闪就过，我算是有一技之长，也许不会赚大钱，但是不会饿肚子，现在要饿肚子也不容易，重点是该问问自己，你想过怎样的生活？"

小孩，打开了人生的窗

2012年对慧莹来说，是创作生涯至为关键的一年。在插画家古晓茵的邀约下，慧莹和几位插画家朋友联袂举办独立出版品展，这次展出让她有机会一脚跨入出版，"古晓茵是我的贵人，也因为有了第一本独立出版品，让我有机会被更多人看见，因而开启我的创作空间。"

所谓独立出版（zine），是指形式、数量完全不拘，影印、打印、送印都可以，这对第一次要以独立发行绘本的慧莹来说，究竟要印多少本？也让她伤透脑筋，就怕多印了，卖不掉。"我先生说，多印有什么关系，书放了也不会坏。我想想也有道理，就送印刷厂印了最小量的五百本。"第一本《日，常美好》口碑很好，鼓舞了慧莹接下来陆续完成《我的 A to Z》《当我拥抱一棵树》《看展的人》等多部创作。

插画生涯长达十多年，多少会遇到瓶颈或低潮吧？慧莹略略皱眉、神情困惑："我实在不记得，就算有，我也忘了，没有什么事会让我耿耿于怀，我想我可能会得老年痴呆，因为实在是太容易忘记事情了……"说完又是一阵大笑，她幽默地帮自己下了这样的脚注。

回头看当年离开公司的决定，她仍肯定那时的选择："如果我是职业妇女，可能会不快乐，因为我在公司容易因为一些小事生气，现在虽然没有稳定收入，但生活真的比以前好太多，小孩就像是上天给的礼物，为我开启好多扇窗。"

聊得差不多，当我准备离去时，看到两个小男生从外头进屋，双腿沾满了鬼针草。想起慧莹在第一本由出版社发行的《一个妈妈，两个头大！》书里写着："看似惬意的乡居生活，其实是每天都由打不完的仗、画不完的图以及吼不完的小孩堆砌而成。"美好的生活，不正是由这些看似不太妙的每一刻在不知不觉中谱出了一曲动人旋律？

树林里的妈妈厨房
（勤美朴真艺术基金会 2014 绿圈圈生活艺术季勤美术馆养分活动）

《4 脚 + 2 腿 Bravo 与我的 20 条散步路线》一书封面插图

代表作品的故事

慧莹翻着《日，常美好》时说："现在看，觉得画得好丑！"但这是代表七年前的她，正在转型。书的副标"一吸一呼间就是日常，一呼一吸时就是美好"是铭宏下的，慧莹赞美丈夫的神来一笔，点出了日常美好的真谛。其中一篇《孩子》，慧莹觉得是铭宏在暗示她：别对孩子大吼大叫，所以写下"我吼叫他们就跟我吼叫，我温柔他们就长成温暖"这样的句子。如果当面要她别对小孩大声，她可能会生气；但丈夫透过文字表达，慧莹反而自省着：自己当起妈的角色，对孩子是该温柔些。

《看展的人》内页

著作

dpi 设计流行创意杂
志第 184 期 "跟着插
画家去旅行" 单元—
桃园龙潭的市场即景

给想插画创作的你

如果你不是想走纯艺术、而是希望走插画创作，最好不要一毕业就接案，先出去工作，因为在公司里，可以学到应对进退并累积人脉，更重要的是，插画比较像设计，在公司里的磨练有利于往后接案；不要急着一定要怎样，你经历过的事，一定都会成为日后的养分、灌溉你的生命。

神奇手帐，开启汉克的美好生活之旅。

汉克 小档案

元智大学信息传播学系。
粉丝团：每一天的手帐日记 https://www.
facebook.com/HanksDiary
博客：Hank's Diary http://www.hanksdiary.tw/
使用媒材：水彩，色铅笔，彩色笔
欣赏的艺术家：Fion 强雅贞

如果讲汉克，你可能模模糊糊；但如果提到脸书粉丝团"每一天的手帐日记！"，可就是名声响亮的小确幸代表。这个粉丝页开张也不过三年，人气已飙破四十万个按赞数。四十万个赞有多厉害？堂堂影后舒淇也不过三十万，人气偶像晨翔、汪东城也只有二十五万，由此可见"每一天的手帐日记！"的惊人之处了。被冠上"手帐达人"称号的汉克，究竟有什么魅力可以异军突起席卷超高人气？透过这次专访，我走进了汉克隐藏在东湖安静一隅的工作室。

洗心革面的意外之旅

年纪还不到三十的汉克，脸上堆满笑容，可以感觉个性爽朗的他是个很有朝气的男孩；但即使他颇有型男之姿，却非常抗拒露脸，他希望大家专注在他的创作上，而不是外形，所以粉丝团的属性被他归纳在"书籍"，而非作家、公众人物等以个人为号召的类别，能在粉丝团缔造这样的庞大人气，完全出乎汉克的意料。

开始制作每日手帐日记之前，汉克跟一般的上班族没两样。他在软件公司上班，有不错的薪资、福利，正常上下班，有固定休假，上班压力大的时候，最大的消遣就是上网乱购物；下班回家后，最大的放松就是上网打电动，然后看看电视、洗澡、睡觉，日复一日稳定地活着。是，这种看似稳定活着的样态，却让汉克心底萌生一种不安："我好糜烂，一整天时间就这样过了、就这样没了，难道我未来二三十年都要这样过吗？实在很可怕！"

2012年旅行一趟回来后，汉克决定来个洗心革面的宣誓。他为自己买了一本手帐当成生日礼物，以前不是没买过这种东西，看到漂亮手帐总是禁不起色相诱惑，但入袋以后，"头烧烧、尾冷冷"的习性马上回来，手帐持续写个一星期就很了不起了。这次发狠用未来美好人生当成赌注，汉克用发票、名片来记录每天的一件事，大事小事都可，无事也要想尽办法滋生事端；用写的、用画的、用贴的，都行；下班回家太累，嫌水彩费事，那就彩色笔上阵……总之，一切以"不中断"为最高原则。

每天下班后，汉克用手帐跟自己静下心来对话，就这么不知不觉持续写了下去，也重新翻出了他一直未竟的梦想：画画。为了让手帐能有更丰富活泼的记录形式，汉克开始去报名成人水彩班上画画课，直到这一刻，汉克才算正式学画。如今回头看，也不过是三年前的事情而已。

重拾画笔的恐惧

其实汉克小学时，曾去 YMCA 开设的儿童美术班上过短期课程，老师教他们用盖手印的方式画画，透过游戏带来的启蒙意义远大于技巧教授，这在小汉克的脑海里烙下了对美术的印象。

学画也好，涂鸦也罢，这是每个人多少都经历过的，但不知从何时开始、也不知道原因何在，总之，我们不再拿起画笔作画，一直对画画抱着梦想的汉克，也不例外。汉克的父母认为，小时候去上美术课是一种陶冶或者消遣，之后就得好好念书才是正途，直到上了大学，汉克曾想选读视觉传达相关领域的科系，但家人依旧难以认同。"所以我折中选择传播，传播有点微妙，什么都学，会一点画画、会一点摄影、也会写点文字，杂七杂八都摸。"在这样样样通、样样松的环境中，反而帮汉克日后的插画创作奠定了丰厚的基础。

长大后要重新拾起画笔，不只需要决心，更需要勇气，汉克的恐惧不亚于你我，他也曾觉得自己是手残的人，很没信心，就怕画丑画坏，但画画过程的内心感受确实是美好的。起初，他先自己拿起水彩摸索一番，用描摹方式抓到一些技法，但画了两三个月以后发现有些瓶颈过不了，只得求助老师了，一进到画室后，瓶颈很快就穿过，然后就继续画下去。

即使到现在，汉克偶尔还是会担心自己画得不好："尤其看到人家的作品，顿时就会丧失信心！"为了克服失败机率，汉克通常会先画一次草图，然后再聚精会神重新画一遍，这种近乎零失误的工整完美作品，通常也是他喜欢的；不过汉克也会有一时兴起的时候，在这种随意心态下完成的作品，虽不精美，但有另一种味道。认真的汉克敦促自己的还不只如此，他会把他认为失败的作品，彻底拿出来检视："我倒底哪里不喜欢？""哪里还可以调整？""水分太多？太少？"逐一笔记下来后，通常下一幅作品就会更好。

喜欢画面包甜点的汉克，面包花圈这个看似不复杂的东西，曾让他费了好大一翻功夫，来来回回始终抓不到他要的感觉，后来才发现面包辫子离烤箱炉火最近的地方颜色最深，里头颜色浅，最后当他再用色铅笔勾出现条，才大功告成。

美好的生活也是奇幻之旅

就在汉克手帐日记持续一段时间后，同是独立创作者的几个好友发起了一个小市集活动，让大家把平时的创作转换成为纸胶带、明信片、贴纸等商品，结果反应热烈，这次经验也开启了汉克尝试自制商品的动力，在粉丝团与博客上的口碑渐渐传出，喜欢的人愈来愈多，汉克于是认真思索：或许有机会可以创作形式

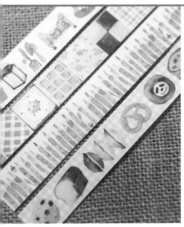

展开新的人生里程。

跟汉克约访这天是圣诞节前夕，他才刚把工作辞掉不到半年而已，让自己稍微松口气是为了 2015 年 4 月开始为期一年的日本打工度假之旅做准备。当时不赞成他走向艺术的双亲，知道汉克抛下正职不干、还要跑去日本闯荡，有什么反应？"其实他们也不是真的反对我创作，只是不希望我过得不好。"

这几个月在家工作接案，汉克非常愉快。他喜欢烘焙，不时地烘烤布朗尼和玛德莲蛋糕；他喜欢花艺，于是常逛花市，买些花回来插；没有上班被限制住的时间，午餐就轻松下面、烫个青菜吃。这一切，都在汉克期待的"美好生活"中进行着。

对汉克来说，美好的生活是"厨房里有一壶水沸腾在叫，有点烟雾缭绕与香气，客厅里有音乐，我正在做点什么事，有声音有气氛，那是一种感觉"。如果现实生活不一定有机会落实，汉克就用画画满足想象；此外，他也特别喜欢"有生活感的"奇幻文学，时雨泽惠一的《奇诺之旅》是他在有天上班时很闷，一口气上网把一整套买下来的！"这是一个女生骑着摩托车在各国穿梭的故事，作者会描绘当地的风土民情与生活器具，即使风尘仆仆、被雨打湿了，只能到山洞里过夜，但女主角仍不慌不忙地清理装备和枪械，这也让我对一种不同生活情境有所期待。"

这篇文章出刊后，汉克早已带着内心的奇幻之梦，踏上大和民族的国度去探索美好生活，期待一年后再见到汉克时，他已经如愿地帮自己印上"作家"头衔的名片，分享这趟丰盈的奇幻艺术生活之旅。

about
graphic artist

代表作品的故事

仔细打底图

汉克通常都会很细心先画过一遍草图，再正式打底图、上色，这是为了避免出错后挽救不及。

随性创作

但汉克也有随性的时候，当天他就马上示范画出一块草莓蛋糕让我们拍照，前后不到二十分钟，很让人流口水吧？

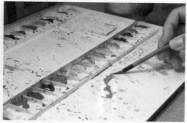

给想插画创作的你

不要怕失败，

画坏再画就好，

因为累积一定会进步，

把以前画过的作品拿出来重画，

都会进步。

我自己就是这样。

如果真的决定以此为生的人，

更不要害怕学新东西，

像我以前摄影不是很强，

但我现在会想学好、认真去练，

想要让作品有更好的呈现，

别无他法，

就是要不断去学。

克里斯多 小档案

东吴大学企管系。

粉丝团：克里斯多插画森林 https://www.facebook.com/cycrystalhung

欣赏的艺术家：

夏卡尔，理由：喜欢他的虚虚实实风格，用色很漂亮。

几米，理由：他是个创作能量很强大的人，孤单又宁静，真实世界虽不完美，但可以用创作给人温暖与快乐。

重要展览、合作商品：

2014 香港酷狗宝贝 Gromit Unleashed HK 展览

2014 台中文创园区，"微笑吧！夏天"青春插画设计展

2014 心路基金会蛋卷礼盒设计

2014 金石堂圣诞节主设计

个人著作：

《水彩色铅笔万用魔法！ 3、4 笔画出专属你的童话故事。》

碎裂后的人生，克里斯多拼成美丽万花筒。

走进辅仁大学周边的巷弄里，这片灰仆仆的建筑物大都很老旧，而且多半是厂房，怎会有插画家把工作室开在这里？费了一番功夫才找到克里斯多的据点，当她出来迎接时……哇，一身淡紫色洋装，袖子还有蕾丝花边，甜姐儿模样与这环境未免反差太大。

当然她的娇小外形与画作调性颇为一致，只是，一听到她高中曾加入仪仗队时，又不禁让我讶异地睁大眼睛。不是偏见，而是在这个身高 158 公分的年轻女孩的身上，同时迸出很多对比性强大的元素，一时让人难以招架。

乖宝宝人生，从云端摔落

"我跟一般人一样，一路乖乖念书上来，想当长辈眼中的好小孩，深信把功课弄好就会有好工作，什么是好工作？像是老师、律师、医师……等'师'，有好工作就等于未来就有很好的环境与生活，只要乖乖走上去……"才一坐下，克里斯多就口条明快流畅地开始说起自己的过去。

谦称自己有小聪明，因此求学一路顺遂，她的"好小孩"信念的确都落实，从景美女中到东吴企管，都在期待中成长。个子这么娇小，怎会想参加仪仗队？"看到国庆节北一女的仪仗队耍枪觉得很神气，景美乐仪旗队也很风云，我虽然不够高，但仪仗队没有身高限制啊！"就这样，在父母也赞成的情况下，克里斯多加入了仪仗队。校队训练相当辛苦，除了体力上的考验，兼顾课业也是挑战，但在好胜心的驱使下，她都做到了。

克里斯多大学生活依旧延续着过往十二年的节奏，直到大三，开始要思索大学毕业后的出路，是要念研究所？踏入社会工作？还是出国深造？"大部分的人都选择考研究所，我又默默从众了。"克里斯多和另外三名好友为了彼此打气，于是共组读书会，四人同进同出、一起吃饭念书运动、花钱补习，目标锁定财金研究所。

2014 台中文创园区 "微笑吧！夏天" 青春插画设计展

2008 年，颠覆金融市场的海啸吞噬了全球，与外在环境节奏呼应的克里斯多，她的人生海啸就在研究所几乎全数落榜后爆发。

"我是个盲从的小孩，讲好听是乖，其实根本不敢想自己要什么。准备研究所时，我对数字没感觉，真的很痛苦，但发榜后，其他三人都考得比我好，明明一起准备，我还是觉得很挫败，怎么考得这么差？"当年，补习班老师不断对学生洗脑，强调"如果连研究所都考不好，人生就没有什么事情可以做得好"，偏偏克里斯多把这话给听了进去，因此觉得人生彻底毁了，她不知道接下来该走往何方？

不惜一切，只为找回最初的渴望

克里斯多与其他插画家最不一样的地方是，她从小并不特别爱涂鸦，但非常喜欢美丽的东西，举凡包装精美的饼干糖果外盒、室内设计都爱，去书店会窝在设计装潢相关书区满足想象。这种内心直觉一直伴随克里斯多，直到她在考试失利后去了趟日本，才发现：世界并不像补习班老师"恐吓"的那样。

"日本很多职人都把工作做得很好，不用穿西装、不按计算器。当时为了考研究所，我把世界限缩得很小，去了日本之后才知道世界好大。"我们熟悉的日本总是力求精美，衣食住行样样如此，哪怕连一片落叶，都是"设计好的随意"，这绝非考试得来的成果，而是不断不断地手作，职人精神触动了克里斯多埋在心中多年的种子，人生的低点正好是种子萌芽前的寒霜。

没有艺术设计相关基础，克里斯多要从企管跨入这领域，一开始真像脑力激荡游戏。"我喜欢美丽的包装，那应该去当包装设计师吧？"她兴冲冲地发挥过往十多年认真向学精神，即起来上网到各大学网站查课程，结果大失所望，根本没有这种课可上；她是后来在网络上发现包装设计与印刷很有关联，于是主动向一位大学时期在印刷相关产业服务的老师请教。请益后，她觉得印刷厂就是她该去的地方。

可是内心挣扎又来了。"印刷厂？听起来脏脏油油，同学都是光鲜亮丽的外商，我却怎么有种乱来的感觉？人家说要好好找工作，不然会影响转职，但我怎么好像在乱找？"经过一番自我批判，她还是决定先从印刷厂行政助理做起，除了份内工作之外，一有空她就跟在设计同事与师傅身边边做边看，倒真的奠定了一些基础。但印刷毕竟与她想要的设计还是有距离，所以她离开了这份工作，此后大约半年，克里斯多每天疯狂上网丢履历，然后出门上学去。

上学？原来当时金融海啸带来萧条，政府开设许多免费课程，克里斯多干脆把时间排满，从 3D 动画、室内设计、网站网页架置、甚至新娘彩妆秘书都去学，"只要是我有兴趣的课，我都去。"她还疯狂参加各种比赛，除了希望对软件操作更熟悉，也希望赚点奖金。从不让父母担心的克里斯多，如今不出门工作，若非坐在计算机前、就是出门上课，克里斯多到底在干嘛？爸妈忍不住忧心了起来。

有了一招半式的技术，她开始尝试接案设计，倒也做得还不错，可是心中总有个问号："我觉得自己像是机器，别人要什么我就要生产什么，感觉自己没有灵魂。"

有天，她在书店闲晃，瞥到了一本教人用水彩色铅笔绘画的翻译书。连水彩色铅笔是什么都不知道的克里斯多，被清新画风给吸引，她把这本书买回家想试试，但又怕自己三分钟热度，所以还不敢贸然投资水彩色铅笔，先跟朋友借来玩，这一玩，克里斯多抓到了手绘的迷人之处，跟电绘截然不同。"这回，我真的很想画！"克里斯多想到上动画课时，曾有一名老师鼓励大家要把作品拿出来分享，画完就收进抽屉是没有意义的。于是，她开始把画作放到 Facebook 上，接着成立粉丝团。

蜕变后的美丽新世界

克里斯多众多的周边商品

2008 年考研究所失利，2010 年开始插画创作，到了 2014 年，"克里斯多插画森林"粉丝团已经突破二十万，真正手绘创作不过四年，而且还是半路出家的素人，如今克里斯多的名声不止在台湾插画界响亮，这片森林还延展到了台湾外。2014 年，香港举办一场公共艺术展，邀请世界六十名艺术家一同为英国动画"酷狗宝贝"画设计图，然后做成大型公仔，克里斯多与几米是台湾获邀的画家。一听到自己的作品将与心中的偶像同台展出，她的心情亢奋不已！

采访克里斯多时，她与金石堂合作的圣诞季正在展出，金石堂邀请她担任圣诞总设计，并另辟专区摆放她所设计的商品。不论是香港的公仔或者金石堂的圣诞季，都是克里斯多喜欢的多元呈现方式，她还曾做出娃娃、抱枕、家具摆饰等，一个小小空间宛若她的瑰丽世界。

也许现在回头看大学毕业的遭遇，算不上什么大灾难，但对当时的克里斯多来说，就像海里捞针，不知道何时会找到的那种茫然恐惧，的确很容易把人给吞噬；然而，从她的画作中，不管是小木马、小红帽、美人鱼或是大野狼，角色与用色都是如此缤纷童真，那些考验早在不知不觉间化为养分。当她重新追寻"美丽的事物"时，这样的美丽，更显动人，一如她的名字"克里斯多 Crystal"，是亮闪闪的水晶。

about
graphic artist

代表作品的故事

幸福

这是克里斯多创作的第七幅画作，非常早期的作品。

"世界一直不停地转动，持续地做一件事，也是一种单纯的幸福。"她深信走在创作路上是件快乐的事，就像走在熏衣草森林里玩耍，看到小木马与小木车，不断转动，不断前进。

万花筒世界

这是 2013 年年中画的作品，距离人生海啸过后五年，克里斯多终于能够回头面对那场灾难给她的意义。"感觉是心碎成满地碎片，但你如果不推开门，怎会知道这些碎片早就像万花筒、像水晶闪耀你的生命？"

给想插画创作的你

不要想太多，

就是直接画、一直画、努力累积作品，

创作是探索自己的过程，

你得不断创作，才能更深入自己。

每次人家都会问我怎样才会画得好？

他们都会担心自己画得很丑，

但我想强调的是，

技巧不是最重要的事，

重点在你想讲什么故事；

我深信每个人都会成为自己想要的样子，

你想要到那，一定可以走到，

就是信念，就是你创作的动力。

graphic
artist
in Taiwan
05

吉 小档案

中山大学剧场艺术学系，台艺大工艺设计研究所学习中。
粉丝团：吉 https://www.facebook.com/LinChiaNing.J?f
欣赏的艺术家：克林姆与马格利特
出版品：《欧风复古手刻章：印染节日氛围的胶版章杂货》

**在天平两端拉锯，
成就吉的创作世界。**

　　吉，是个气质偏中性、颇内向的女孩，讲起话来有种理性冷静的距离感。

　　她的小小工作室藏在朋友咖啡店的一隅，目前主要的创作是刻章，原以为刻章的工作室会充满各种工具与碎屑，但吉的桌面虽摆放不少工具与零件，却一尘不染，收纳也井然有序；最吸睛的是，柜子上摆满了各种眼球造型的玩具、人体器官图鉴、猛兽钥匙圈，回头一看，还有她心爱的宠物：小蛇 Hana（球蟒）。

　　虽然这些收藏不至于让人打寒颤，但吉的脑子似乎充满许多微妙的、古怪的思维，更加让人好奇。

自我 vs. 外在；创作 vs. 市场

　　"你不觉得蛇很可爱吗？我很喜欢人体器官、眼球、工程车……我对可爱的定义跟别人可能不太一样，比如我养蛇，很多人都觉得很可怕，我的双胞胎姐姐也无法理解可爱在哪？"吉一边把她的宠物抓出来跟我打招呼，一边娓娓道来她的喜好。她说，在 2013 年出版《欧风复古手刻章：印染节日氛围的胶版章杂货》时，就曾被主编再三叮咛：教读者刻章的内容别太古怪，以免把读者吓到。

　　吉也曾尝试将自己的独特偏好展现在商品设计中，不过她很清楚，以纸胶带、明信片这类商品来说，女性是消费主力，比起甜美画风，过于阳刚或怪异的设计，并不利于销售。她和几位插画家合作，利用网络平台销售，由于其他伙伴风格都属明亮轻快，同一时间推出，她的产品就是卖得比较慢。市场与创作，究竟该怎么取舍？吉坦言这曾让她很困惑："最深刻的挫败感是风格，我的作品风格很明显，有不少鼓励声音，但是推出以后，就会感觉到市场的落差，这时我才知道自己的东西是小众。"

　　最低潮的时候，她曾怀疑这条路是否该继续走？要不要干脆去找一份稳定的工作？是朋友们与粉丝不断鼓励她要把眼光放大放远，"台湾市场目前偏好小确幸与清淡风格，我的方向也许不那么能够融入，但也有粉丝一路都在支持着我。"粉丝常常在买回吉的作品后拍照分享，也几乎不再转卖出去。得知作品被珍藏着，是吉继续创作的重要后盾。

　　听着吉娓娓道来"创作与现实"或"自我与外在"的拉锯，她没有回避这些艰难，而是诚实以对；更难得的是，由于她清楚自己的方向，当得知我们以"插画家的故事"为名提出邀访时，她曾一度考虑是否该接受？"一开始不太好意思，因为我做的东西比较广泛，主要是刻印章，画画对我来说比较像是工具或材料，所以如果被

吉的小宠物"Hana"。

称为插画家，我觉得心虚。"听到吉对自己的定位采用严格高标时，我们觉得光是这份坚持就值得和大家分享，于是不断和她沟通，她也终于同意以创作者的角度来分享创作生命。

孤单，是生命的汤底

吉从小就爱画画、喜欢动手创作，高中毕业时不知道有工艺设计系，以为戏剧跟想要的艺术创作很接近，于是去念了中山大学剧场艺术系，主修舞台与服装设计；大学跟过几次戏以后，吉发现自己的个性负荷不了剧团一大群人的声音，往往意见有落差时，会让她很挫败，从那时起，她就决定与其痛苦地跟一群人花时间来回沟通，不如往一人接案的方向走。

不过，即使跟戏经验不好受，但刻印章却是在大学时的意外收获，吉也没想到原来只是刻橡皮擦的好玩事情，竟然成了日后的主要创作形式。后来发现橡皮擦保存度低，于是转向橡胶版。"我想要再挑战，想越做越好。"吉有种特质，很容易泡在自己喜欢的世界里，不太在乎别人怎么看。

三岁时，母亲因病过世，吉对母亲的印象全无，即使父亲后来再续弦、一家人相处也融洽，但"母亲"这角色在她的生命中就是少了一块，"我对妈妈的印象是遗照，从衣柜翻出来时，遗照被虫蛀掉，最后一点印象也没了，孤单的感觉应该来自从小没有妈妈。"

当身兼母职的大姐离家读书以后，与吉相互依偎的是她双胞胎的姐姐。从小，她们两人感情就很好，从医的父亲忙于工作照顾一家，她们俩人就自己乖乖在家吃饭、玩耍、念书，有时候两人会一起感觉心头慌慌乱乱，"那一晚我爸从诊所回来时，一定会骂人！"医生爸爸对小孩管教严格、期待甚深，从小会打骂她们；后来双胞胎姐姐升高中时，偷跑去报考美术班，被父亲痛骂，因为"搞艺术不是正途"，这让同样爱画画的吉没敢冒然冲出去，于是乖乖念一般高中、公立大学；直到现在从事艺术创作，父亲再也没多说什么，低标是能养活自己就好。

即使有感情甚笃的双胞胎姐姐一路相伴，但吉的生命基调仍是孤单，"面对外界，我总觉得好像隔了一层膜，可能是我封闭自己，把跟人的距离拉得很开。"

与偶像三毛神游，孤单有了寄托

对生母没有直接印象，但她遗留下来整套已故作家三毛的作品，却意外喂

古怪的收藏。

养吉的心灵，而且是至今影响她最深远的作家。吉与三毛，年纪相差超过四十岁，当三毛自杀离世时，吉也才五岁大，怎会爱上三毛？

"她的个性与精神跟一般人很不同，她非常忠于自己，也许自杀对她来说是个解脱，我从她直白、没有华丽词藻的文风，可以很清楚感受到她内缩的痛苦，但也因为这样，看了会觉得揪心，我有被抓到。"除了醉心于三毛文字，吉也喜欢诗人痖弦、夏宇与已故作家朱西宁的作品。这些文字陪伴吉度过年少的孤单岁月，时至今日，她虽然往艺术之路发展，但仍常透过阅读来帮自己找到一个喘息的出口。

除了大量阅读，吉还有个特殊癖好。她不热衷逛街，却喜欢闲逛五金店、材料社、钓具店，从这些店里东翻西找的，往往会有对象可以让她可以带回家创作，她的脑子无时无刻想着："这些小东西可以拿来干嘛？"所以，连姐姐的准备淘汰的衣物，都得先被她的巧手大卸八块捡回可再利用的零件后，才能放入回收站。

三毛在撒哈拉的生活几乎是化腐朽为神奇，她和丈夫荷西把棺材、破轮胎、奇怪的石头石像、羊皮鼓、水烟壶等东西搬回家整弄一番后，住家变成了一间艺术宫殿。与其说吉热爱三毛的文字，毋宁是三毛生活中展现的艺术狂放才是吉真正被攫住的原因；因此，吉走访都会生活中的大街小巷，也试图挖掘出类似撒哈拉的惊喜。

她常做安静无声的梦，是孤单感的极致表现，她会把重复出现的梦境画下来，"这才是真正的创作，完全是我孤单的写照"。虽然她计划把梦境系列当成硕士毕业制作展出，但因为赤裸表达内心，因而又萌生一股怕被看透的抗拒；觉察到自己内心的两股力量在拉锯，她也不急着找到平衡解决或选择往一方走去，因为她说："这比较像是我真正的个性。"也许在两极端间的摆荡，才是她创作的根本动力。

about
graphic artist

代表作品的故事

这次吉和读者分享的不是公开的商品，而是她的梦境画作系列作品。她希望透过毕业制作展出自己的内心世界，可以与观者有共鸣；但毕竟她念的是工艺所，讲求设计与实际，老师不断叮咛她："如果只是创作者的呕吐物，是无法与外界沟通的。"这番话，吉仍在咀嚼中。

梦境一

画里只有一个方向可走，而且墙一直靠过来，缝越来越小越小……这是当年吉准备考研究所时，因老爸丢了一句话："没考上，你就知道。"结果成了吉的梦魇，她常半夜被吓醒。

梦境二

每个泡泡都是一个念头，当吉想要创作时，就去拿一个球来，然后就会知道自己要干嘛。有一段时间她在思索商品时，特别会做这样的梦，但梦境并没有特别情绪。

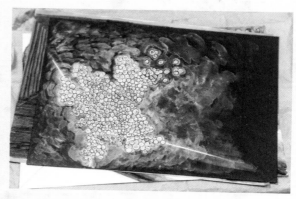

梦境三

白色是光线，吉在找她要往哪走。她想走的路，对很多人来说，可能不是稳定好走的路，另一条是很顺的路，就是进公司去上班。刚从研究所休学时，吉不断思考自己要做什么，是要去公司上班？或者完全做自己的案子与创作？梦醒了，吉不再犹豫，继续做原来的自己。

72
73

著作

《欧风复古手刻章：印染节
日氛围的胶版章杂货》

给想插画创作的你

不要做连自己都觉得受不了的东西，

你的创作，你自己喜不喜欢？

是不是参考别人？是不是雷同？

其实大家都看得出来。

别欺骗自己，这一点很重要。

因为我看到很多人，

讲出来的话或者表现出来的态度，

都是说这是自己的创作，

但其实不是，作品自己会说话。

创作世界很大很广，没有任何规则，

唯一规则与标准都是自己给的，

看你期许自己要到达什么程度。

Hanu 小档案

实践大学媒体传达设计学系，铭传大学设计创作研究所。
粉丝团：猫星通信 http://www.facebook.com/atelier.hanu
主要使用媒材：水彩
欣赏的艺术家：画家 James Jean，插画家"猫，果然如是"。

來自貓星球，Hanu 用甜美帶來希望。

在台中绿光计划文创园区遇上，她拖着行李箱从台北南下准备布展，文如其人，说话轻柔且慢，让人忍不住怀疑：她真的不太像是地球人，仿佛是从哪个星球不小心闯入的……

纸与画画的年少岁月

从小就喜欢画画的 Hanu，小学六年都担任学艺组长，在小学钢琴老师的偶然邀约下，Hanu 和老师的儿子一同准备美术班的甄选，很顺利地考上了明星中学的美术班，她也期待天天画画的日子；怎奈入学之后，迎接 Hanu 的却是三年同时跟课业与术科奋斗的中学岁月。

原来，来美术班的不见得未来要走美术之路，纯粹是因为美术班资源较好，家长想让小孩念资优班，学校也以升学为导向，因此往上再继续念美术或是走艺术之路的学生寥寥无几，多数都往明星高中升学去。

但现状并未让 Hanu 对画画有丝毫怀疑。"我一直都很确定是要走这条路，画画会让我忘记时间，即使外在环境不利于我。"每当老师带全班出去写生时，便是她最快乐的时光，这么热爱画画，也许是有几分是来自遗传。Hanu 的叔公也是画家，父亲虽然念理科，但很喜欢摄影，大学时还成立美术社，海报、平面设计、手绘样样都来，因此当全家人看到小 Hanu 也爱画画时，长辈们自然全力支持。

但是面对 Hanu 的成绩，父母亲仍忍不住感叹。不过，双亲仍选择接受上天给的功课，继续支持爱画画的她往艺术发展。回想起当年爸妈无条件的支持，Hanu 知道那是爱，也是支持她日后看待世界的温暖后盾。

提及这段往事时，Hanu 有些顾忌，因她不愿让人以为她在批判老师与中学时的环境："我也可以直视黑暗，将创作用批判响应，如果一直停在原地抱怨与批判发泄，什么都无法改变。"

确立人生的方向

进了附中以后，自由的校风让她可以全心投入画画，那时计算机绘图正兴起，同学们都还在画画时，她已经和朋友摸索架网站、设计、电绘等新鲜事，这些与科技结合之下的无限可能非常吸引 Hanu，也让一路走在传统美术教育上的她，开始

有了不一样的思考。

"如果继续走学院，我完全可以想见未来要做什么事、过什么生活，初高中等于都在预备，老师们也是传统美术系出身，但这种平稳真的是我想要的吗？我真想成为传统画家、艺术家吗？"

Hanu 花了三年不断自问，最后决定选念实践大学媒体传达设计学系，但做出这个决定后，最大的反对声音却是来自一路支持她画画的父母。

大学念中文系、后来当老师的母亲希望 Hanu 去念台北艺术大学或者台湾艺术大学，未来可以朝教职迈进；因为做设计很辛苦，还要出去外面工作闯荡，"他们不忍心我受苦，一直到前两年，妈妈还在念这件事。"

研究所继续设计创作，Hanu 用硕士论文呈现插画实验的极致：在计算机软件中运用复合媒材把白雪公主与艾丽斯梦游仙境两则童话连结起来，进一步探讨人性与原罪。毕业后，Hanu 去设计公司上班，她并不因计算机绘图普及大幅降低插画或设计门坎，而认为自己的厚实美术底子是"大材小用"。

"我的选择是对的，因为跳出既有框架后，我更能看楚一些思考模式，我相信手绘和数字可以有更好的结合，甚至会汇流到同一个本质，说到底就是表现方式不同而已。"只是在工作过程当中，太多创意发挥却不见落实为成果让 Hanu 相当失望，眼见成就感渐渐失去，Hanu 决定离开公司，自己出来闯一闯。

甜美风格的背后

与 Hanu 在约在台中布展时碰面，她展出的都是狗与猫可爱讨喜的作品。若单就作品与她个人外形来看，甜美风格一致；但是，求学时的她，经历不快乐的年岁；工作后的她，也经历过某些挫败，为什么她会画出如此天真的动物？

"我看过宣泄黑暗的创作，也走过直接把黑暗表现在作品的阶段，当时会用创作反映茫然与苦闷，但是年岁渐长，看多了就很想跳脱，希望给点甜美的希望。"

对 Hanu 来说，真实心灵其实不会是漂亮完整的，但直接袒露内心黑暗，是一种批判，也可

能因此造成压力而阻绝了更多沟通的可能性；因此面对内心的创伤与纠结，她希望自己吐出的作品都是经过转换化为力量，而非赤裸宣泄，她深信这才会让人愿意走进她的创作世界。

三十岁那年，她离开公司、自己创业，Hanu看似有股不食人间烟火的气质，但她对于经营品牌、开发商品，乃至上网营销、控管预算物流，都乐此不疲。当父母再度面对看似温柔却又不按排理出牌的女儿又做了这项决定时，并没多说什么，他们的最低限度就是Hanu得照顾好自己。

Hanu希望能够不断尝试各种好玩的事情，追求多元化的可能，贯穿所有作品的一致主轴就是甜美愉悦，"舒服、不沉重"是她很坚持的方向。"常常接受被批评可以刺激自己思考，永远都要更努力、一直学习，更重要的是学习活在当下。"

地球人一时半刻或许听不懂来自猫星球的声音，但Hanu仍没放弃透过创作，继续沟通。

about
graphic artist

代表作品的故事

动物的灵性

人往往容易用刻板印象给动物一个符号，例如，猪就是好吃，狗很忠实，猫是任性，兔子可爱……在Hanu眼中，穿透这些表面的可爱、讨厌、喜恶、戏谑，直达动物灵性层面，它们跟人是一样的。"我一直很超脱在这世界之外，希望可以画出动物的敏感和心灵"，Hanu也因为抓住了动物的眼神后，更确知自己的风格。

给想插画创作的你

很多创作都从生活来，

如果只上网找图片，就太没意思了，

所以你要去感受生活中的每一个小地方，

再把它画出来才有意义，

所以大家可以从记录生活开始，

写下来、拍下来、甚至素描，

实际体验生活，包括亲手烤面包、

煮意大利面，才能体会，不要为画而画，

你要思考画出来背后的东西是什么，

那比画出来更重要。

信子 小档案

复兴商工。

粉丝团：信子 https://www.facebook.com/Yesbuko
使用媒材：水彩、广告颜料
欣赏的艺术家：安徒生、草间弥生、刘旭恭
出版品暨获奖记录：
《奇怪阿嬷》绘本系列集
《小兔子的奇怪阿嬷》
《奇怪阿嬷的奇怪马戏团》
并于新加坡、马来西亚发行。荣获 2013 "好书大家读" 年度最佳少年儿童读物奖，张启华生命绘本奖佳作。

信子边玩边画，绘本可以好好玩。

第一次看到信子的独立出版品是在一家小咖啡店里，信手翻开《迷宫小小书》时，令人惊喜，这不是书，而是很像小时候玩的一种游戏：自己在纸上画出一个简单的迷宫，卷起来，想走迷宫的人，一路选择要往哪走，纸再顺着慢慢摊开。会走到哪？遇到什么？全都凭自己当时画迷宫时的想象。这个游戏藏在记忆中，已经很遥远了，却意外在信子的出版品中重温旧梦。当然，他的画、他的设计，更加精美有趣。

绘本可以不只是读本

与信子约好采访的那天，正值圣诞节前的周末午后，外头虽然冷飕飕地，但新北市政府一带却挤满了人潮，穿过宛如纽约时代广场缩小版的闹区，隔了一条街，瞬间安静，信子的工作室就隐藏在幽僻的老巷弄里。

打开门冲出来迎接的不是信子，是他的爱猫 Hello，Hello 熟稔地引领客人到访。走进客厅，眼前所见信子的桌面与墙面正是《迷宫小小书》的放大版，原来，他正在如火如荼地创作超大本迷宫书，顺利的话，当这篇报导与读者见面时，信子的迷宫大书也已问世。

这么好运气，一下子就可以有如此大篇幅的创作？信子一路可也是跌跌撞撞过来的。原本从事平面设计，收入也不错，但从小就对图文书与漫画书有浓厚兴趣的信子，一直不能满足于商业设计内容，再加上很多产品也不是自己有兴趣的东西（例如 3C 商品），设计完成、领稿费、继续接案设计、继续领钱……看起来好像也是用脑的创意工作，事实上已经不能满足信子极度渴望创作的内心。

在偶然的机缘下，信子去参加知名绘本作家刘旭恭的绘本课，与小时候想当图文作家的梦想终于搭上线。不过信子不是被动等待出版社邀约，要求完美的他，是把图文作品完成后投稿出版社，因有着丰富商业设计经验，他也把书的企划案写好，包括读者在哪、这本书的特色是什么、可挑选什么样的纸质……都清清楚楚写了出来，连腰封、广告也都做好，这个自动送上门的作家，根本是跳楼大甩卖，买五百送一千，照理说，谁要帮他出版，谁就可以轻松不费力地赚到一本书。然现实结果是，信子尝试十多家出版社全都石沉大海，理由是 "不适合出版" "逻辑题材很怪，市场没办法

接受"，最后在绘本班朋友的穿针引线下，和联经擦出火花，2013年《小兔子的奇怪阿嬷》终于如愿上市，由于市场反应极好，"奇怪阿嬷系列"的第二本《奇怪阿嬷的奇怪马戏团》也顺利在来年出版。

原本默默无名的信子，因为这两本书而成了几家出版社争相邀约合作的对象，原本独立出版的《迷宫小小书》就是这样被看上，信子与出版社决定放大到可以摊开在地面玩耍，"把绘本延伸变成游戏书，边玩边学，可以很多元。"这是信子最想尝试的方向。

信子与爱猫 Hello。

初中成绩烂透，高中咸鱼大翻身

信子从小不只喜欢看漫画书、图画书，只要有机会，他就开始画，妈妈发现他的兴趣后，便他送去画室上课。原以为这是培养信子是最好的方法，怎料画室里规规矩矩的描摹让他反感，他讨厌被拘束，于是常常逃学去玩耍，画室都这样逃掉，遑论其他课辅班，"我哭着求我妈，别送我去上英文课数学课。"信子妈妈看她那么痛苦，只好放弃。

升上中学，信子考进了美术班，是如愿，但也同时也是恶梦的开始。透过这次专访几位插画家，令人有点意外的是，小时候喜欢画画的人，以为进了美术班就可以专心画画，但却仍被升学压力压得喘不过气，经过三年洗礼，继续踏上美术专班的人比普通升学的人数要少得多。这个现象，值得玩味。

和另一位插画家 Hanu 一样悲惨，信子也全包全班三年的倒数三名。美术班真正的精髓是：术科强，学科也强，几乎集合了最资优的精英学子于一堂；对不爱读书的信子来说，在这班上，处境可想而知。烂成绩不仅让信子怀疑自己是否真的有天分，连家人也不体谅，最支持他的母亲这下也不知道该怎么办，信子索性摆烂到底，"再怎么努力也达不到成果，那就算了，开心画图就好。"

当时复兴美工有个入学办法，就是参加学校举办的写生比赛，若得奖就可以保送，国中美术班虽然让信子失望，但他对美术学校仍有期待，看准了这个规则，他就跑去参赛，而且如愿获奖，"我等于拿到免死金牌，根本不用管基测，我就放心天天画图。"信子进了复兴美工以后，咸鱼大翻身，书随便念也有全班前三名，原本被瞧不起的边缘人，顿时成了全班注目的焦点，"同学都说我很厉害，是因为我有学过啊，他们初中都念一般科，很像初中时我的状况。"

来自母性的力量，是创作最大的后盾

一路支持信子画画的母亲，在他服兵役期间罹患血癌住院，退伍后，信子就在医院照顾妈妈。他在病床边开始画画，也不断与妈妈分享他的出版计划，妈妈即使在病榻，支持信子的态度依然未变，有时候信子也会抽空跑去医院一楼书局看书。那段陪病时光，母子的亲密互动是后来支持信子很重要的力量，但母亲终究未能逃离死神的召唤，最后因败血离世。

"我们家里最支持我的就是我妈，她却走了，后来我只能自己支持自己。那时蛮难过的，却没怎么哭。"葬礼那天，信子躲在房里继续画画，那是一种难以表达的深层悲伤，结果家人不谅解，还惹来一顿骂。那年，是 2009 年，信子二十三岁。

丧母的信子迷惘了一段时间，终于慢慢从商业设计逐步转向成为全职图文创作者。他先尝试独立出版，发挥自己所有的创意，同时也努力和出版社合作，除了可以跟更多读者分享自己的作品外，也能借此要求自己要有更完整、更精致的作品，"独立出版比较像创作，想玩就玩；出版品比较像制作，需要团队沟通合作。"

当初为何挑阿嬷当主题，创作出"奇怪阿嬷系列"作品？原来信子小时候是阿嬷带的，跟阿嬷和妈妈很亲，关注的题材自然围绕在妈妈或阿嬷这种母性角色与亲子关系之上；同时，他又希望阅读是好玩的，所以加入了天马行空的无厘头元素，有点搞笑却不脱离探索生命的课题。原以为这个系列热销后，信子开始要继续其他创作，结果不然！"我希望可以做到三十集。"这不是信子的豪语，而是因为他觉得眼前台湾的图文书都太侧重教育，包括如何解决尿床、哭闹等情绪问题，毕竟买书的是父母，但他希望可以回归到孩子本身："小孩喜不喜欢？能够让小孩觉得好玩，就够了。"

好玩，看似没有意义，但在好玩的气氛下，灵感与创意会源源不断。求学路上经历过好玩与非常不好玩的事情，被升学压力蹂躏过与被无条件支持的母亲疼爱过，信子坚持好玩的创作与游戏，格外有说服力。

about graphic artist

信子的独立出版都有一个特色：别希望它像一般书籍一样可以好好一页一页翻，最好是清出一个空间，当你一打开，你就会知道这小读本剪不断理还乱四处蔓延横流……

不只作品呈现信子的游戏心，连创作过程都如此。他在粉丝团这样写："花了 20 分钟，马上制做出一本迷宫小小书的草样……这种即兴的快速创作，对我来说觉得很有趣……每画一笔就会期待，下一页会出现什么呢？……在这种不预期的期待感中，每创作一本书，都是一种乐趣。"

蛋蛋系列小书：小猪蛋，青蛙蛋，小鸡蛋

迷宫小小书

著作

给想插画创作的你

以自己创作开心为主。我们的环境都有个迷思，希望绘画技术更好，但你怎么学技巧，都是模仿与皮毛。真正该学的是想法与运用，了解创作的媒材与特性，观察自己的想法是什么？想要通过画图表达什么？每个人的经验与角度都不同，如果你只是模仿，你自己的人生背景是出不来的，应该寻找自己真正的创作模式。若确定想要往绘本或者插画创作这条路走，就必须透过不断思考自我、摸索与尝试，来找出最适合自己的创作人生。

Vier 小档案

松山高中，实践大学工业设计系毕业。
粉丝团：http://www.facebook.com/VierYeh
主要使用媒材：水彩、色铅笔
代表作品：
《台湾好果食：54 道满足味蕾的料理》
《让天赋飞翔：放对位置就是天才》
欣赏的艺术家：中国雕塑家向京，日本雕塑家
长尾惠那

「只想在家工作」Vier 的异想世界。

一头黝黑长发、皮肤白皙的 Vier 生得素净，工作室落脚在台北市热闹的东区巷子里，走在路上，她绝对是会让人多看两眼的正妹型女孩，她曾小小探问："这次采访，非得露脸吗？"这颗不想让人以外貌定位的脑袋瓜里可有着对生命的深刻体悟，采访的过程像是剥洋葱，一层一层，不是教人掉泪，是丰厚得让人惊艳。

立志在家工作

两年前，Vier 跟朋友约好一起去西藏旅行，但却因种种原因未能成行。"我假都请了，机会也难得。"Vier 仍决定依照计划独自上路。我们以为一个女子在藏区旅行太艰难，Vier 却一派轻松地规划：西藏十二天跟当地旅行团跑，成都三天是独行，去香港三天则是找朋友玩。在这趟将近三周的自助旅行中，让习于独处的 Vier 有所触动的是质朴与信仰虔诚的藏民，他们的生活条件看起来极差，但心灵却丰饶，再穷，每天也要按时供佛布施，平静祥和。看到藏民对生命有如此坚定的信仰质量，也让 Vier 对生命有了更深的体悟："人生最极限的不过就是死亡，一路上，我一直跟自己对话，这一趟让我体会更深，人生有很多不必要的事情，真的不用计较太多。"。

自助旅行回来后，Vier 换了一家新公司，接着，辞去工作，正式展开了自己从小梦想的生活：在家工作。

Vier 的母亲是在儿童文学领域笔耕多年的作家林淑玟。小时候，母亲白天张罗她和双胞胎弟弟上学后就开始工作，等到姐弟三人放学回家，作家又回到妈妈的角色；Vier 觉得没有老板监督的母亲，工作自制力很好，时间掌握也有效率，隐隐中谱出了 Vier 对美好工作形态的想象："从小看妈妈在家工作，我就好羡慕，也希望长大后可以跟她一样。"

非科班的创作之路

在母亲"家庭即工作"的儿童文学创作熏陶下，漫无边际的想象启发了 Vier 杂食型的阅读习惯，而她最爱的是科幻小说。"弟弟是双胞胎，我妈就买了一堆跟双胞胎有关的书，有科幻小说描述未来可以把双胞胎的其中一个送上外层空间、一个留在地球，然后用心电感应联系，可解决所有科技无法克服的光年通讯延迟问题。小时候

看到这故事，就觉得科幻很有趣，而且科幻建立在已知的科学基础上，有可能成真，搞不好有生之年我可以看到实现！"这个富有科学想象力的世界，Vier 至今仍深爱不已。

Vier 没有接受过正规的美术教育，只有小学去画室学画，但那位启蒙老师却为 Vier 播下了"创作生活化"的种子："老师上课都会教我们认识材料，而不只是画画，有一次，老师的女儿满月，他就教我们怎样煮红蛋，让我们从生活中体验创作。"

她本来准备初中毕业后去念复兴美工，但母亲以"大学再念艺术就好"为由反对，Vier 于是进了松山高中；而当绝大多数同学们都为了升大学留校晚自习时，她早已打定主意要报考台湾艺术大学工艺设计系，因此再度走进画室学画、学工艺，怎奈成绩未能如愿踏入心中的第一志愿，她因而选念文化大学广告系，念了一年之后，发现广告系侧重营销、统计，与原先期待的设计有落差，于是毅然决然转学至实践大学工业设计系，实践大学的设计课程比重很高，终于让 Vier 愉快地完成大学学业。

之前在公司上班时，Vier 为了不让自己的创意枯竭，自称"有控制狂"的她决定给自己一些工作之外的独立创作空间，于是开始回头手绘，订下每个月的主题，每天腾出一点时间作画，并开粉丝页督促自己，"既然公告了，就会有压力"。粉丝团开张后，渐渐有人找上门合作，终于让期待在家工作的 Vier 凤愿以偿。

严格要求自己的"控制狂"

离开公司至今，Vier 回家接案生活将近两年，目前除了零星合作的活动或展场设计，主要是工作是书籍美术设计与插画，因为母亲的关系，Vier 有很大的案源来自儿童故事，直到 2014 年，因与出版社合作《台湾好果食：54 道满足味蕾的料理》与《让天赋飞翔：放对位置就是天才》两本书，进一步打开了她的创作风格。"我想慢慢往成人书籍设计，不要再画儿童的东西，希望可以走向薛慧莹或者王春子的路线，我想变成像这样的插画家。"当 Vier 得知我们企划插画家专题系列也有她的两名偶像后，她瞪大眼睛难以置信："我会跟他们放在一起吗？太可怕了！"

对 Vier 来说，哪怕是突然掉下的灵感，都是生活中累积起来的东西，早已植入大脑内存，绝非凭空而来；而创作，更需要有规律的作息。

每天一早起床，脑袋处于空白状态，Vier 开始专心打底稿创作，下午就用来处理对外联系的琐事，接着再继续做些不需要集中注意力的工作，比方上色、涂抹，因为这时外界的嘈杂声音开始会干扰创作。不过，她也强调，每个人都会有不同的节奏，"能够自己接案的人，自我掌控能力都满强的，所有时间都得自己安排，我身边的朋友们，也许作息不同，但都是规律的。" Vier 可不是接案后才这样要求自己，高中时的她，因为嫌弃自己字好丑，发狠定下时间表、每天练习，"学设计的人，多少有点控制狂，我不会跟人家讲我要做什么，但我会在内心设定好，一定要做到。"

走过，都是养分

除了阅读，Vier 也喜欢下厨、做做家常菜，日常生活的简单成了她最好的休憩。三十岁不到的她，年轻的脸庞里头住着的是一个老灵魂，"我从小就觉得只要真心想做一件事，宇宙就会帮助你，接案这一年多来，也会有捉襟见肘的时候，但只要我开始动，就会有钱跑到我眼前。"

相信宇宙会善待自己，是因为 Vier 认为肉身是硬盘，灵魂则是软件，她深信世上有个超越人类的存有，一切早就安排好，所以只要开始动手做，现在的付出就是未来的养分，一步一脚印，就会走向那个目标。回首创作之路，从画画到工艺，接着是设计与插画，未来还想尝试雕塑，Vier 可曾想过要如何定位自己、最终的目标又是什么？

"我人生的目标是可以在家工作，做自己喜欢的事。至于用什么方式创作，顺其自然。"Vier 眼神清亮、没有任何犹疑，就像她画笔下的猫先生那般理所当然地注视着你。

about
graphic artist

Mr. Cat 猫先生

Vier 画笔下的猫先生，有下雨撑伞、穿雨鞋，有早上泡在咖啡里却仍睡眼惺忪，也有各种奇怪睡姿，或者凸搥出包的模样，猫先生这一系列除了在粉丝团分享之外，也开过个展。创作灵感来自 Vier 自家的宠猫，这让家里同样有毛小孩的粉丝看了都啧啧称奇："怎么好像我家的猫哟！"

小矮人

"小矮人"的创作灵感来自格林童话"鞋匠与小矮人"的故事，赶稿赶到半夜的 Vier，有天突然希望也有一群小矮人跑出来帮她！她就把自己期待的小矮人画了下来，这也成为 2014 年底个展的主题。里头有个矮人会带着一个动物头，这是 Vier 内心的声音："我希望是团体中的一份子，却又希望自己是最特别的，但这不意味我好或者别人不好，只是人的内心都渴望被看见独特性。"

给想插画创作的你

想画插画，就不要想太多，开始做就对了。做人要谦虚，永远要知道自己是不足的，才能往更好的地方进步。希望在家接案工作的话，要培养自制力，并先规划未来半年财务状况，从接案到实际拿到钱，通常都会有几个月的落差，所以需要时间等钱下来，除非你运气很好，一开始就赚一大笔钱，不然会有荷包空空的压力。

著作

part 02

日本
插画家 篇

采访·摄影 by 潘幸仑

受 访阵容

画出属于自己的设计之路！
专访**加藤真治**老师。

永远都要超越过去的自己！
专访**绘本《小熊学校》作家与插画家。**

绘封筒，邮寄一份幽默感给你！
专访**日本插画家ニシダシンヤ。**

爱如繁花在书法里盛开。
专访**花漾书法家**〔花咲く書道〕**永田纱恋**老师。

当艺术成为日常生活的一部分。
专访日本**迷你版画家：森田彩小姐 & 小牟礼隆洋先生。**

插画与手作，实现儿时的梦想。
专访**阿朗基阿龙佐原创作者：齐藤绢代小姐 & 余村洋子小姐。**

About 潘幸仑

1988 年生，台湾新竹人，目前住在好山好水的花莲。
喜欢可爱、风格独特的插画，
更喜欢插画背后所隐藏的人生故事。

粉丝专页
https://www.facebook.com/sachi7762

加藤真治 老师

画出属于自己的设计之路！
专访加藤真治老师。

绝大多数的人，每天至少要奉献八小时的时间给工作，工作占去了生活的大半时间，如果可以"从事自己喜欢而且适合的工作，并以此为生"的话，是再好不过的了。

有些人在很小的时候，就知道自己此生最想要从事的工作是什么；有些人则是透过不断的摸索，花费数十年才明白自己最喜欢的工作是什么；也有些人终其一生都没有寻找到。

加藤真治（Shinzi Katoh）老师无疑是属于第一种类型的人，小学一年级，对许多人来说还是懵懵懂懂的年纪，但是他已找到未来的人生道路，那就是成为一位画家。若从六岁开始算起，今年 67 岁的加藤老师投入插画这个领域超过半个世纪，如今他是日本知名的插画家、艺术家、平面设计师，同时也是杂货设计师。

许多台湾人对加藤老师印象最深刻的作品，无疑就是曾经与全家超商合作过的小红帽（赤ずきん）系列了。不只是小红帽，在过去三十年来，加藤老师出版了二十五本以上的绘本，设计过的商品更已超过一万件以上，内容包罗万象，例如文具、包包、餐具、鞋子、服饰、甜点、玩偶等等。然而，加藤老师关心的不只是绘画与设计，也横跨到环境与环保议题，以呼吁重视全球暖化的绘本北极熊兄弟《そらべあ》（Sora Bear）自 2006 出版以来引起了广泛的瞩目。

最近这一两年，加藤老师更和迪斯尼、三丽鸥等公司展开很不一样的跨界合作方式，将《小熊维尼》《玩具总统员》《咸蛋超人》等等经典动漫的角色们，以温柔的手绘风格呈现，将这些经典动画"绘本化"，注入了专属于"加藤真治式"的疗愈、温暖风格。

在设计界是深受新人敬重的前辈；在杂货界是广受消费者喜爱的杂货设计师；在绘本界是赢得孩童们的心的作家，想必许多人一定感到好奇，加藤老师是如何建立起自己的插画王国的？他是如何在人才济济的日本插画界脱颖而出的？

亲切的加藤老师在接受访谈时，展现轻松自在的态度，说话不疾不徐，如同他的画一样，给人温暖、安心的感觉。在谈到关于如何成为一位插画家的时候，加藤老师的态度转为有些严肃，说，年轻人一定要开辟出一条属于自己的道路，找到独特的舞台，才能绽放光芒，尽量不要做前人已经做过的事情。

不模仿前辈做过的事情，但是老师的为人处事的态度与人生观，却值得年轻人效仿。面对宽广无限的世界，难免有不安与迷惘的时候，不妨来看看老师的经验分享。

正在介绍画作的加藤真治老师。

"小红帽"系列
是许多人对加藤
老师印象最深刻
的作品。

加藤老师笔下的艾丽斯，风格
温柔甜美，带有一点成熟感，
赢得许多大女孩的喜爱。

法日混血女孩 Cheri（雪莉）也是相当受欢迎的系列。

童年生活：
父亲是影响自己一生最重要的人。

Q1：请加藤老师和我们分享您的出生地与童年生活。

加藤：我生于在九州岛的熊本市，熊本拥有良好的大自然环境。河水很清澈，有小鱼优游在其间，夏天有萤火虫。虽然现在环境改变了许多，但河水依然很干净喔，也还有萤火虫。

我从小就是个爱玩的孩子，会把萤火虫放进小竹篮里，然后放在枕头边，一边看着牠们直到睡着为止。放学后我就会跑到有萤火虫的小河去，一直等到晚上萤火虫出来，所以常常都很晚才回家，不过父亲都没有生气。

后来搬来名古屋是机缘啦，并没有特别讨厌或喜欢，名古屋位于大阪与东京的正中央啊！不管往西还是往东都方便，客户也都集中在东京或大阪。

Q2：请问您是在什么时候开始喜欢上画画，并且决心投入绘画与设计这个领域的？

加藤：从小就很喜欢画画了喔！也很喜欢绘本，为了买到喜欢的绘本还会去打工。（笑）

我的设计基础是受到父亲的影响，小学一年级时，父亲问我是否想要当画家，当时也没想太多啦，立刻就点头说好。于是跟着父亲学习素描、油画、水彩等各种画画技巧，也热衷到美术馆看展，至今花了不少钱在购买展览会的门票上，我是属于从小就会在美术馆专心鉴赏画作的孩子。今天会成为设计师，就是透过每天的学习而培养出来的。后来有就读美术学校的平面设计科，不过那所学校现已关门了。

Q3：所以您受到父亲的影响很深吗？可否和我们分享，除了绘画，他对您的影响还有哪些呢？

加藤：虽然会成为画家是受到父亲的影响，不过他的工作与绘画完全没有相关喔！他在熊本大学任教。父亲对生活物品的质量与美感相当坚持，以每天都会碰到的东西来说，像是在购买包包或铅笔盒等时，父亲也会跟着去选。他会拿十几个包包来挑选，一定要挑选到最好的包包及最好的衣服等等。对任何事都是如此执着，执着到接近龟毛，小时候的我会想真是够了！当时和父亲一起去买东西，对我而言不算是很开心的回忆吧！

不过，随着长大成人，反而很感谢父亲，他不只是培养我设计的基础，也培养对周遭物品的美感。让我能够做着自己喜爱的事情，也因此能生活下去。

成为设计师以后的甘苦谈。

Q4：您从事绘画与杂货设计的工作很久了，在这么长的岁月中，您是否曾遇到创作上的瓶颈？

加藤：的确有沉到谷底的时候！一开始踏入这一行时，是在贸易公司当设计师，那时专职于欧美用之新颖设计，算是很顺利；但转战国内用精品杂货设计的前三年，因设计不出热卖商品，非常地辛苦。不过，跨过这道墙后，开始有设计的产出，从此再也没有感到江郎才尽的时期。

Q5：您累积了与许多不同公司合作的经验，如何将绘本里的插画运用在商品上，设计出符合业主需求的杂货商品呢？

加藤：要设定客层，例如，像是要给法国料理餐厅的盘子与碗，就会想，会有怎样的客人来到这家餐厅、餐具会被如何使用……然后再斟酌的要怎么设计。换言之，类似这样的商业合作，是绝对不能以自己主观意识为准，必须考虑到很多实际的层面。

这时候已经不是单纯的绘画而已，反而像是设计工厂一样，去分析要做出怎样的东西等，实际上会有一部分是非常地严肃的。

Q6：您创造出的小红帽是广受读者喜爱的角色，可否和我们分享当初创造这个角色的机缘？

加藤：那时很努力借寻找人与人之间的共通点，期许自己能设计出"让很多人愿意拿起来看看"之商品。我想小红帽的商品能渐渐扩展的原因应该在于，人们多半在儿时有接触过小红帽等童话故事，有童话故事图案的商品，无论是自用或当作礼物，皆能引起内心某处之共鸣，才会这么畅销！不管是法国人、英国人、台湾人或韩国人，大家都喜欢小红帽呢！直到现在，小红帽的商品也持续在增加中喔！

Q7：您创作了绘本北极熊兄弟《そらべあ》（Sora Bear），呼吁世人重视全球暖化的环保议题，可否和我们分享您为何想要创作这一系列的绘本？

加藤：我始终认为"文化"及"文明"非得以相同速度发展不可。文明先发展的话，会产生公害及各种污染问题，环境一旦遭到破坏，得花费很长一段时间来加以修复。所以我一直认为文化及文明必须同时被养成。只顾着发展文明，虽然可以使物质生活进步，却会带来许多灾难。

从设计师到公司的董事长

Q8：您在1998年正式成立了自己的公司，可否和我们分享一开始成立公司的动机是？

加藤：成立公司是是在偶然的情况下，在此之前，并非以公司之形式，而是以个人之形式执业。在赋税署要求改善时，才发现在不知不觉间收入已攀升到必需聘雇一位税务师的地步了。虽建立起公司行号，但我认为充其量不过是一间设计工作室而已。

Q9：可否和我们分享您是如何带领一家设计公司？

加藤：就像事务所的分部一样，是很多人分工，一起

加藤老师为北极熊兄弟绘制的手稿

全球变暖威胁着北极冰圈，同时也让北极熊的生存环境越来越恶劣。《そらべあ》描述北极熊哥哥和弟弟，因为冰层断裂而与妈妈分开，弟弟在睡梦中醒来以后发现妈妈不见了，而流下眼泪。

© Shinzi Katoh Design

完成一件作品。起步都是由我提出想法、绘制草图，成品的则是交给大家一起完成的。老实说，我很想让员工自己去发想，不过，虽目前旗下有优秀的员工，但发想毕竟需要特殊的能力。

起头都由我来发想独一无二的设计，然后再询问员工意见，当大家都说"这个好可爱"时，就会准备商品化了。

Q10：如何兼顾"设计师"与"老板"的这两个角色呢？

加藤：我认为这是公司经营者的问题。我本身是一位设计师，所以有着与员工相同的心情。我毕竟只是公司里的一位设计师，成立公司是偶然，会成为公司董事长也是偶然，所以想法会有点不一样吧！

我很注重与员工的情感联系，我们公司只要有员工生日，都会在办公室庆生，圣诞假也会庆祝喔！可能因为这样，大家进来这间公司就都不想走了。（笑）

Q11：您曾和许多不同厂商合作，推出各式各样的杂货商品，可否与我们分享这些跨界合作的经验？

加藤：一起合作的公司都是对方自己找上门的，可以让我自由地去发挥，只是有一定规则的，像人的手指本来有五根，而我只画三根的话，这样就不可以。要依循规则去绘制，其他可以让我尽情发挥，这样的合作经验几乎都是很开心的。

Q12：现在日本有许多杂货商品委托为中国制，日本制的商品愈来愈少了，您如何看待这样的趋势？

加藤：我认为这是愈来愈普遍的情况，像陶瓷器，中国做的就很好啊！我并不会因为某件商品是中国制，就觉得它的质量是不好的。从我的角度来看，中国在这方面的产品就表现得不错。

在大阪展览会上涂鸦的加藤老师。

© Shinzi Katoh Design

加藤老师与迪斯尼公司合作推出的杂货，有手提包、手机壳还有便当盒等等，种类相当丰富。

但是目前不太习惯跟中国签订合约。如果签约的话，会无法掌握他们将商品卖到那里，连生产数量也无法控制。生产的话，是可以让中国去执行，但尚未到跟中国公司签合约的时机，时机成熟时会想合作看看吧，但现在应该还不是时候。

Q13：成立公司以后，您曾遇过的挫折感是什么？相反的，最大的成就感是什么？

加藤：感到挫折的时候，是制造商的程度太低的时候……成就感的话，就是这里的社员，每一位都很热衷工作。绘画、设计，我认为这些都是令人愉快的工作，要能乐在其中，我也常常会跟员工说，如果觉得不开心的话，辞职会比较好喔！因为会有压力。

来问我身边的员工好了（注：此时加藤老师转身问身旁的助理），你觉得这在里工作开心吗？

助理佐藤小姐：很开心喔！一直有新的事物，各式各样的工作接踵而来；其中也有到目前为止没有体验过的经验，愈做愈开心。

如何成为一位优秀的插画家？

Q14：在您心中，一位好的插画家，或是设计师，应该具备怎么样的条件呢？

加藤：要有深厚的绘画能力与技术，我认为无论任何工作都是需要技能的。且这些技能并不是一蹴可几，需要投入很长的时间去精进。

Q15：除了绘画技能，您认为还需要具备什么样的态度，会有助于插画事业呢？

加藤：对应的能力。对任何事情都能够对应的话，也就是说，在面对各式各样的挑战也能承担重责，不轻易逃避或放弃，我想这样的人一定能培养出技能。

Q16：请问贵公司在挑选员工（设计师）的标准是什么？

加藤：不擅长与人应酬的人。不会说谎的人。个性谦虚的人。

Q17：成为一位出色的插画家是现在许多年轻人的梦想，然而这个行业也相当竞争。可否请加藤老师给予这些年轻人一些建议呢？您认为要怎么做，才能在插画这个人才济济的舞台上脱颖而出？

加藤：全日本应该只有我一个人会做我做的工作吧！不是依靠"实际生产的工厂"生存，而是依靠"软实力"生存。我去学校客任讲师时，也常常被学生问："如果想要变成跟加藤真治一样的人的话，应该要怎么做？"

我都会这样回答："做我没做过的事是最好的，就算做跟我完全一样的事，也是无法成功的！"

再说，我一直以来都是在做前人没有做过的事，所以现在可以仅靠实力，就吸引到迪斯尼、美国的King Features 大力水手等公司前来洽谈；很多的合作会自己靠过来，现在也跨足了甜点业、服饰业。因为我有实绩，就算不主动去迪斯尼推销，他们也会自己找上门来。年轻人如果完全跟着我的脚步，做跟我一样的事情，也是无法达到这个地步的；所以必须得做跟我不一样的事。

但是，到底什么事情才是"跟我不一样的事情"呢？这就需要年轻人自己去挖掘了。

about
graphic artist

加藤老师的私人工作室大公开!

是否会好奇加藤老师是在什么样的环境下创作的呢?
公司办公室的隔壁就是老师的个人工作室,绝大多数
的时候,这里只有加藤老师自己一人,安静、专注地
进行创作,或是发想一些关于杂货商品的提案。

工作室有几幅大型的画作,这些画作将在美术馆的展
览亮相,老师更透露近期有到台湾开个展的计划喔!

除了量产的杂货商品,老师的画作也一直受到艺术爱
好者的青睐,曾展售在美国旧金山当代艺术博物馆
(SFMOMA)中。

谈到最近想设计的商品,加藤老师说,其实过去的他
并不太常用自己设计的商品,例如名片盒,以前都只
用简单的黑色盒子,不过最近也开始会使用自己设计
的名片盒。

"虽然我本身是艺术家、设计师,但有点跟不上时代。
在考虑商品提案得时候、在设计的时候都是想着消费
者的喜好,并不是考虑自己是否也会使用。最近也想
开始设计一些自己会使用的产品。"加藤老师说。

Shinzi Katoh Cafe
加藤真治咖啡厅

位于大阪大东市 JR 住道车站附近的商场ポップタウン住道，二楼设有加藤真治的咖啡店与杂货店铺，可以在这里享受悠闲的购物气氛与午茶时光。店里有满满的可爱插画，咖啡上还有加藤老师设计的"蒙马特小邻居"里面的兔子图案喔！身为加藤真治迷的你一定要来访。

如果不方便来到住道，在大阪京桥有第二家分店开设，除了杂货、咖啡、甜点与简餐以外，营业时间更延长到晚上十一点，夜晚有提供酒类，不妨来这里小酌一下喔！

住道店

京桥店

来杯可爱的拿铁吧！

about

加藤真治 Shinzi Katoh 官方网站：http://www.shinzikatohcafe.net/

Shinzi Katoh cafe 官方网站：http://www.shinzikatohcafe.net/

住道店

住址：大阪府大东市赤井 1-4-1　ポップタウン住道　オペラパーク 2 F

电话：072-803-8608　营业时间：10：00 ~ 20：00 (最后点餐 :19:30)

京桥店

住址：大阪府大阪市都岛区东野田町 1 丁目 6-22 KiKi 京桥 1F

电话：06-6809-2727　营业时间：11：00 ~ 23：00

相原博之
（ Aihara Hiroyuki ）

绘本作家、研究员，两位孩子的父亲。1999 年因长女诞生，而展开绘本作家的生活；其中，亦从事于角色的开发及创作。作为 BANDAI CHARACTER 研究所所长（现在的 CHARACTER 研究所社长），参与绘本《小熊学校》整体制作及各种角色之开发。

足立奈实
（ Adachi Nami ）

绘本作家、设计师，多摩美术大学平面设计系毕业。在玩具公司接触泰迪熊后，开始绘制绘本 "小熊学校" 系列作品。2003 年 10 月开始以自由绘本作家及设计师的身分工作。

个人网站：http://www.adachinami.com

永远都要
超越过去的自己！

专访绘本《小熊学校》作家与插画家

在日本拥有极高人气的绘本《小熊学校》（日文：くまのがっこう），描述十二只兄妹熊在山上寄宿学校的生活。排行老么的杰琪是故事主角，也是十二只熊兄妹中唯一的女生，书中描绘她和十一只熊哥哥们的日常生活。自 2002 年 8 月贩卖以来，至目前为止已发行全系列十五册，累计发行数量超过 200 万本（日本国内）。

不只绘本，小熊学校周边商品的营业额也有很好的表现，玩偶、食器、文具、包包等杂货商品共有一万种，周边商品营业额达年 100 亿日币。创造这一系列绘本与丰富周边商品的作者是日本作家相原博之（Aihara Hiroyuki）老师，插画由足立奈实（Nami Adachi）老师担任。在还没有见到两位老师以前，我对于绘本作家的想象是："应该是很活泼开朗、很可爱的吧？"结果有点出乎意料之外。

相原老师带着黑框眼镜，以一身黑的打扮出现，曾经待过广告界的他反应敏捷，说起话来铿锵有力；足立老师留着一头简洁利落短发，戴着充满个性的耳环与手环，不笑时看起来有一点点严肃。不论是从回答语调、姿势，或是服装来看，对两位老师的印象都是知性和酷酷的，不太容易联想到是 "可爱风格绘本作家与插画家" 的身份。当我和他们说出内心的想法时，两位老师立刻哈哈大笑。

"哎呀，这样会不会让你有点幻灭？"

"也许是不想给人绘本作家就该很可爱的既定印象，所以私下会想表现有点酷酷的也说不定。"

"比起可爱，被称赞酷反而比较开心呢！"

作品很可爱、作者本人却很酷，这样有趣的反差，让人对《小熊学校》的诞生过程更加好奇了，如何创作出高人气的绘本呢？我们的访谈，就在被满满的杰琪周边商品包围的办公室里，愉快地展开了。访谈过程，两位老师数次提到 "必须拥有超越旧作的强烈渴望"，我想就是这样全力以赴的认真态度，成就了独一无二的小熊学校。

合作的起点&小熊学校诞生的秘密。

Q1：可否和我们简单分享您们的成长背景和求学过程。以及，两位是什么时候对"创作"产生兴趣并且以此为志业的呢？

相原博之老师（以下简称相原）：我出生于宫城县仙台市，大学时离开家乡到东京就读早稻田大学，毕业后曾经在广告公司工作过一段时间。长女出生以后，第一次接触绘本的世界，在朗读绘本给小孩听的过程中开始对绘本创作产生兴趣，觉得或许自己想做的就是这个，因此开始尝试绘本的创作。

足立奈实老师（以下简称足立）：我出生于岐阜县多治见市，从小就对艺术创作非常感兴趣，觉得人生中一定要有画图这件事情才行。为了就读东京的多摩美术大学，一个人只身来到东京。

大概是小时候在山上的学校念书，在大自然的环境下成长的缘故，大学时期不像一般女大学生过着多彩多姿的生活，也不太会被五光十色的大城市影响，绝大部分的时间都花在写作业或是个人的创作上。因为从小就喜欢做手工艺，很早就萌生"希望自己的作品可以问世"的想法。

Q2：您们的绘本从 2002 年开始发行，至今已经十三年了，能成为长时间受到大众喜爱的绘本，真的很厉害。请问您们一开始合作的背景和机缘是？为什么会想把绘本的主角设定为"熊"以及把绘本的场所设定为"学校"呢？

相原：和足立老师曾经在同一间公司工作而认识彼此的，因为足立老师很喜欢画小熊，而且画出来非常可爱，所以我便提议一起创作绘本，并实际找了出版社出版成书。所以，是先完成熊的角色之后，才开始构想故事的。

会把绘本的场所设定为"学校"，是因为我们是双薪家庭，每天都要到幼儿园接送女儿，光是看到那些小小的小朋友，就觉得好可爱。幼儿园的孩子们很开心地玩在一起，相反

的，早上赶着去上班的通勤族，每个人都板着严肃的脸孔，所以我对于幼儿园这种温暖的情景感动不已。当足立老师画出这只头大大、走路有点晃呀晃的小熊杰琪时，画面突然和幼儿园的情景重迭，绘本的构想《小熊学校》便由此诞生了。

足立：我之前曾做过两份工作，第一份工作是在代理德国金耳扣泰迪熊 Steiff 的玩具公司上班，所属的部门就是专门负责泰迪熊商品，平常工作环境中充满了泰迪熊玩具，长期和这些熊娃娃接触，自己也变得特别喜欢熊，于是画了一些小熊的插图。说起来这应该算是创作《小熊学校》的原点吧！

后来在第二份工作的职场上认识了相原老师，是一个很重要的机缘。

Q3：那么，是如何选定杰琪为主角的呢？对于杰琪这个角色的想法是什么呢？

相原：绘本的最初是有十二只小熊的小熊团体，因为团体有其可爱性，所以并未特别设定主角。我认为小孩子只要聚集在一起，每个孩子都会有其个性，也不会特别有哪个孩子是主角。但是实际要写成故事

© BANDAI

时，有一个比较不同的孩子存在会比较好，设定上就出现了唯一的女孩子杰琪。其实刚开始也没有决定要命名为杰琪喔！

最初希望杰琪成为受到大家欢迎的女孩，成长为自己心目中理想的孩子。但不知不觉中杰琪已经活在我的心里，拥有她自己的魅力。

足立：杰琪对我来说是真实存在的一个角色，自由自在地行动着。

Q 4：两位老师合作非常多年了，在您们眼中的对方，是一位怎样的人呢？

相原：足立老师是对工作要求严格的人，是一位完美主义者。

足立：相原老师是一位忠于自我、认真且直率的作者。

关于忠于自我这一点，相原老师真的很有自己的想法和原则，一旦下定决心的事，无论周遭的人怎么说都不会受到影响。如果没有这样的人格特质，恐怕也是无法从事这份工作的。

创作绘本的甘苦谈。

Q 5：《小熊学校》受到广大读者的支持，请问您们当初有预想到这一系列的绘本会拥有如此高的人气吗？这一路走路是否曾有感到不安的时候？

相原：《小熊学校》就是我个人第一部绘本作品，老实说一开始完全没想过会这么受到欢迎。真的非常意外，同时也感到很开心。现在能被说"很有人气呢"，也是因为在初期下了很多功夫。能不能继续坚持下去，才是最重要的。还有就是因为爱吧，如果是自己一手拉拔的孩子，不会因为不红，就丢弃不再养吧（笑）。

足立：我也没想到自己的绘本会这么畅销，当然一开始也会感到不安，但当时只想作出好的作品，还有为了让更多人认同自己的作品，全心全意去创作。

Q 6：小熊学校绘本一年发行两册，发行时间可以说是相当密集，等于制作完一本绘本就要马上开始下一本了。请问您们是否因此感到辛苦呢？另外请问足立老师，绘制一本绘本大概需要多久的时间？

相原：刚开始对于一年要出版两本绘本这件事情确实会感到很有压力，总是一直被工作追着跑，必须一直考虑下一步该怎么做。不过习惯之后觉得一年出版两册的速度刚刚好，现在能够以最好的状态进行创作。

杰琪与她的十一位哥哥们。

穿上毛衣和围巾的杰琪，仔细观察，杰琪的衣服都很漂亮呢！

足立：我是属于等待消息的那方，决定要出书后才开始创作，所以并没有太大的压力，很期待收到要开始进行下一部作品的消息。

从开始构想的阶段到实际出版，全部过程大约要花费一年时间，但是实际作画时间通常只有一到两个月。决定出版后，有两到三个月的期间由相原老师构思故事内容，两个人也会一起讨论。之后会有一个月左右打草稿和修正，赶的时候甚至只有20天可以上色呢！真的还满赶的。

Q7： 每年都有上千本的绘本问世，能够长时间受到读者的喜爱真的很厉害，您们认为其秘诀是什么呢？

相原：一开始真的没想到能够出版成一系列的作品，变成系列其实就是一本一本地慢慢累积。其实也没有什么受欢迎的诀窍，如果要说有，那就是在制作每一本作品时，都必须有超越前作的专业意识。

足立：还有就是我们两人的健康，以及维持良好的伙伴关系。

Q8： 在人气愈来愈高长以后，您们下一步的计划是什么呢？例如推出更多商品？或是展开其他的跨界合作？

相原：目前没有特别的计划，但相信只要作品永葆人气，自然就会有很多跨界合作的机会。换我反问你好了（笑），你有没有希望推出什么样的跨界商品呢？

潘：食品类最贴近一般民众，我想如果跟食品厂商合作应该会有不错的宣传效果，例如印有杰琪图案的瓶装水或是饮料，喝水时有杰琪的陪伴，感觉很幸福。

相原：嗯，我也认为和食品厂商的合作非常不错，目前有跟食品厂商合作过面包及冰淇淋等商品，另外也曾经跟肯德基合作推出过商品。

足立：我希望有机会可以推出小熊学校的邮票，只是不知道邮局会不会来找我们就是了。

创作与人生观

Q9： 请问您们是否有很欣赏的绘本作家？不论是日本国内或国外的作家，可否和我们分享。

杰琪是排行第十二的孩子，汽车号码当然就是12啰！

© BANDAI

《小熊学校》中文译本由台湾爱米粒 Emily 出版社出版。

东京车站专卖店里的商品，娃娃、帆布背包均是大人气的商品喔！

相原：日本的林明子（HAYASHI AKIKO）老师是我很欣赏的绘本作家。林老师在绘本界非常有名，她的作品中主角大多是女性，非常擅长传达女性细腻的情感部分。

足立：没有特定喜欢的绘本作家。最近的话，蛮喜欢荷兰艺术家迪克·布鲁纳（Dick Bruna）的作品，不过还没看完他所有的创作（注：迪克·布鲁纳最是知名卡通人物米菲兔 Miffy 的作者）。

Q10　想请问两位老师，无论是文字方面的创作，还是绘画方面的创作，您们认为身为一位创作者，什么是最重要、最不可或缺的条件呢？

相原：爱情，对作品的爱情比什么都重要。我认为绘本应该要能让阅读完的人感到温暖与幸福。有注入爱情所构思出的作品，和没有投入爱情、单纯只是画图的作品，在读完之后给人的感受完全不同。假如故事的内容，或是杰琪的一举一动，如果连身为创作的我们都无法感到共鸣，表示对于作品的爱情还不够，就要重新思考重新作画。

足立：全力以赴的积极态度，以及想要超越前作的动力。另外，一边想着帮所有登场角色注入灵魂、一边创作也是很重要的。

Q11　请问两位老师的人生座右铭是？

相原：乐在工作。无论何时都抱持着乐观正面的想法才能作出好的作品。

足立：不偏不倚朝自己决定的道路勇往直前。

当角色从绘本走出来，成为杂货商品。

Q12　把绘本人物商品化的过程，主要是由谁负责的呢？是否曾遇到什么困难？

相原：商品通常由厂商提案，到量产前会有专门的工作人员监督及修正。在制作动画时，不像出版业有专人决定画面排版，必须自己判断要使用哪一张画面格，对我们来说是比较有难度的作业。

Q13：身为创作者，可以随心所欲创作出自己喜爱的故事，这是比较浪漫的一面；将角色人物商品化，则必须考虑到市场的反应与消费者的意见，这是比较现实的一面。想请问相原老师，您是怎么在这两个不同的角色中转化的呢？您认为该如何兼顾"创作者"和"经营者"这两个角色呢？

相原：嗯……真是个好问题。我觉得做出好的作品最重要，平时会集中精神在创作上。能创作出好的作品，自然就会大卖，接着会有卡通、商品、跨界合作等等邀约。

当然经营部分也相当重要，难得做出好的作品，如果看的人不多，岂不是很可惜。身为一个艺术创作者如果完全不考虑作品卖不卖座，抱持着"喜欢的人自然会看，没兴趣就算了"的想法，我觉得对消费者来说是非常不亲切的。

我们是抱持着"想让更多人接触到自己作品的理念"在创作，基本上我在创作与在经营的时候，是以完全不同的头脑去思考的。

Q14　杂货的销售是否会受到大环境（例如经济不景气）的影响呢？您如何看待这个问题？

相原：确实，杂货的销售很容易受到景气影响。但只是因为没有多余的闲钱就不买，表示对这个角色的爱还不够。如果真的很喜欢，相信即使大环境再怎么不景气，还是愿意花钱购买。所以我们在创作的时候也会投入很多的爱情，希望可以创造出像是米老鼠、史努比等等，未来五十年、一百年，都能受到全世界喜爱的角色。

给读者的话。

Q15　最后，小熊学校在海外也拥有许多支持者喔！请两位老师对支持者说几句话。

相原：老实说当初真的没想到小熊学校会这么受到欢迎，而且还红到台湾！我想台湾大概是之于日本第二个喜欢小熊学校的地方了吧。能够在日本以外的地方受到读者喜爱真的很开心！也希望台湾的各位读者不要觉得腻，能够像日本国内的书迷一样，接下来了十年、二十年继续喜欢着小熊学校。

与便利商店 7-11 的合作

2014 年与便利商店 7-11 推出的 CITY CAFE 咖啡集点赠活动"小熊学校宝包系列"，推出笔袋、零钱包、手提包等商品。
相原老师表示，和便利商店合作是个能让更多人知道小熊学校的机会，连在日本都还没有这样的跨界合作，没想到能在台湾实现真的感到非常开心。

无论是配色还是整体的设计，都很有"大人感"的马克杯。

足立：没想到在日本之外的地方也有人喜欢自己的作品，觉得很不可思议。想到杰琪在海外也这么努力、这么活跃就很开心。

© BANDAI

about graphic artist

足立老师爱用的绘图用品。

足立老师喜爱的铅笔与水彩。老师特别解释她的作画习惯，一本绘本大约有十八页，平常作画时同时会摆二三十张贴好的画布在工作室，然后全部同时进行绘制，边画边修改，并不是一张画完再画下一张。有时候到截稿日的前一天都还是未完成状态呢！

"我想做的不单纯只是画画这件事，而是想要创造一个属于小熊学校的世界。因为我很喜欢颜色的组合变化，所以会在作品上使用很多充满我个人风格的色彩。"足立老师表示，她会参考一些国外的儿童服饰杂志，汲取灵感。

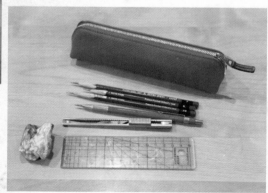

小熊学校直营店

小熊学校的商品在日本哪里可以买到呢？从东京车站八重洲地下中央口剪票口走出来，可看到
"东京駅一番街"，里面有小熊学校的专卖店，这里还有特别贩卖和东京车站相关的商品，例如
化身为站长的杰琪娃娃，绝对是来到东京最好的伴手礼。另外也有因应节日推出的特别商品，例
如情人节巧克力、圣诞节礼物等等，绝对可以满足粉丝们的购物欲。

店铺名称：くまのがっこう ジャッキーのゆめ　东京站店
地址：东京都千代田区丸之内 1–9–1 东京站一番街 B1F 东京キャラクターストリート内
电话：03–6266–5150
营业时间：10：00 ～ 20：30

ニシダシンヤ 先生

（Shinya Nishida）

写好地址、贴上邮票然后投递到邮筒里，信封是日常生活中再也平常不过的物品了，不过当它来到日本插画家ニシダシンヤ（Shinya Nishida）老师的手上，立刻摇身一变，成为令人赞叹不已的彩绘信封。这一封又一封精心绘制、充满温度与手感的手绘信封，就是"绘封筒＝Efuto"。

绘封筒这股潮流可追溯到上个世纪60年代，从欧洲国家流行到日本，ニシダ老师并不是第一个创作绘封筒的人，不过，由于他的作品拥有极高的辨识性、独树一格的幽默感，几乎每个看过老师信封的人都会对其作品留下深刻印象。ニシダ老师不仅是在信封上画上插图而已，他擅长将邮票巧妙地融入插画里，例如躲在电线杆后面的那只猫咪、小学生手上的那本课本……都是一张张货真价实的邮票，有时甚至让人无法一眼看出邮票到底藏在哪里。

当ニシダ老师初次将自己的绘封筒作品发表在社群网站推特（twitter）上时，短短三天之内立刻增加三千多位追踪者，连老师自己都吓了一跳。这股热潮引起日本出版社的注意，邀请ニシダ老师推出绘封筒的相关书籍，日本邮局也邀请老师开设绘封筒教学课程，毋庸置疑的，ニシダ老师成功带动一股新的彩绘信封热潮。

让人有点意外的是，ニシダ老师其实并没有受过专业的插画训练，完全是自学的。为了让读者可以深入了解关于老师的创作心路历程、绘封筒的彩绘方式，我来到老师的故乡香川县，日本面积最小的县，同时邀请ニシダ老师使用台湾的邮票来进行绘封筒创作，想要看到台湾邮票如何被日本插画家使用吗？请务必继续往下看喔！

Q1：请和我们分享您是从什么时候对插画产生兴趣的？以及，是如何踏上插画这条道路的？

ニシダ：我小时候就很喜欢画画，会在考卷的背面，以朋友为主角画成漫画，同时在内心梦想长大以后要从事与绘画相关的工作。不过并没有上过专门学校，都是自学的。大概在19岁左右时，我有一段时间在跳蚤市场帮客人画人像画，某天，有个人对我提出邀约，他说"我要出书，你愿意帮我画吗"，就这样陆陆续续得到绘画的工作了。

Q2：您在个人网站的自我介绍提及，曾当过六年的调酒师。"插画家"和"调酒师"是两个不同领域的工作，可否和我们分享这六年的调酒师生涯，对您的人生或是插画生涯是否有影响呢？

总是能够巧妙地将邮票融合在画面里！

"猫"视眈眈。使用猫咪的邮票，将猫咪想要吃鱼的欲望传达得淋漓尽致。

屏幕里的晴空塔。活用晴空塔的邮票，传达"现在有很多人都是用智能型手机拍照"的概念。

挡雨的课本。邮票变成小学生手上的课本了！勾起儿时回忆的可爱画面。

ニシダ：在从事插画工作时，偶尔会到大阪一条叫"ミナミ"闹区街道的酒吧当调酒师。大阪人的个性，很多是很嗨的，喜欢笑话、也很爱说笑话，所以大阪人对笑话的标准非常严格。例如，聊天时提到"昨天在服饰店买了衣服"，类似这样普通的日常对话时，会突然被问"那，请问这句话的笑点在哪里？"。我会在插画中融入幽默，或许就是在大阪被训练出来的吧。（笑）

我认为世界上几乎所有的工作都是"服务业"，无论是调酒师或插画家，都是希望客人和观赏画的人能够开心。插画家看起来好像是只要会画图就能从事的工作，但是要能接到工作，更重要的还包括了"人与人之间的联系"。

Q 3：您是在怎样的契机下，开始创作绘封筒呢？请和我们分享您的第一个绘封筒作品。

ニシダ：开始创作插画信封的契机，是偶然在书店看到和绘封筒有关的书，我很惊讶竟然有这样的世界。由于我那时正在思考，有什么东西可以赠送给长期合作的出版社，觉得绘封筒这个点子不错。所以在寄每个月请款单给出版社的时候，开始在信封上画上插画。编辑部收到以后好像也挺高兴的。

第一个绘封筒是使用五元的天鹅邮票邮票，之所以会选这款邮票，是因为它很容易买到，而且觉得它最可爱。

Q 4：除了寄给编辑部，平常也会寄绘封筒给朋友吗？

ニシダ：老实说，我平常没什么在写信，所以除了请款单之外，很少在画信封（笑）。e-mail 也是除了工作之外，几乎都没有在使用，连 LINE 都没有。在电子化的现代，对于依然常常在写信的人，应该要很尊敬吧！

Q 5：请问老师目前收藏多少邮票了呢？是否曾经烦恼寻找不到合适的邮票来画信封？

ニシダ：最近数了数手边的邮票，竟然多达 800 种。不过就算有这么多，还是缺少自己所想象的图案，也没有灵感，烦恼了好一阵子。我绘专心看着邮票，思考如何运用这款邮票来画画，再不行的话就看日本的邮票目录，或上网浏览各种邮票寻找灵感。

Q 6：您最近几年在日本各地举办绘封筒工作坊，可否和我们分享您在教导别人绘制信封的心得呢？对于第一次尝试绘封筒的朋友，有什么建议吗？

ニシダ：在东京、大阪、香川等地，目前为止已超过数百人来参加过绘封筒工作坊。有趣的是，大部分的人都说"我不会画画"，但只要拿起画笔挑战，都能画出很棒的绘封筒。有很多人说从学生时代后就没再拿过画笔，但是大家都在工作坊玩得很开心。

我认为没必要画得很高超、很厉害。就算画得不好，收到的人也会很开心吧，因为承载了寄件人的心意。能够传递那份喜悦是最重要的，所以，我的建议就是请立刻尝试看看。

Q 7：您认为一位优秀的插画家，应该具备怎么样的条件呢？

ニシダ：我自己的插画也还没成熟，所以不能说什么。我认为好的插画家要能响应对方（客户）的期待，插画就是不要过于主张。由于自己也还在摸索中，所以希望挑战新事物，并经常变化。

Q 8：您从事插画工作多年，经验丰富，请和我们分享您对于插画家这份职业的感想。

ニシダ：我认为把难懂的事物变得容易理解，才是插画的真正意义。插画家就是把文章做重点整理的人。

Q9：对于想要从事插画工作的朋友，您会给予他们什么样的建议呢？无论是专业方面的绘画能力，或是心理上的准备等等。

ニシダ：关于绘画技巧，我反而希望有人教我呢！我很后悔没去上专门学校……所以烦恼要不要从事插画工作的人，建议可以先去专门学校上课。专门学校不只是提升绘画技术而已，也是可以认识未来同业的地方。而已经在专门上课的人，请一定要好好珍惜朋友和伙伴，或许有一天会从朋友手上获得工作机会。

Q10：最后，老师是香川县人，相较于东京、大阪、京都等大城市，香川是比较少人知道的地方。可否和读者分享一下您的故乡呢？生活环境对于您的创作是否也有影响？

ニシダ：香川县是日本最小的都道府县，虽然香川有金毗罗守护神，但是最有名的还是乌龙面，"赞岐乌龙面"真的很好吃喔！很多日本人会专门从外县市来吃乌龙面。我住的附近比较乡下，大家的生活步调都很悠哉。或许我的画中，也呈现出一种悠闲感。（笑）

老师的四格漫画作品，每周五固定刊登在四国新闻社的网站上。

老师的第一个绘封筒作品，当时是以"想要赠送给编辑部礼物"的心情来绘制的。

ニシダ老师的邮票都妥善地收纳在道具箱里。

老师目前已收藏多达800多款邮票。

about graphic artist

ニシダ老师爱用的文具大公开！

無印良品四格筆記本，是老师用来画"かまタマくん"四格漫画系列的专用笔记本，里面都是满满的灵感。

MOLESKINE Plain Notebook Pocket。老师每天都会使用它来画草稿。

燕子笔记本 Tsubame Note，日本经典老牌笔记本，用来记录灵感与画插图。

MARUMAN CROQUIS 线圈素描本，主要用来涂鸦或是打草稿，老师很喜欢内页的纸张，吸水性良好，使用钢笔在上面画画也很合适。

FABER-CASTELL 油性色铅笔。即使用到只剩一点点，老师也会使用铅笔延长器继续使用，相当物尽其用。

日本 Holbein 透明水彩颜料，颜色饱和，色彩丰富且价格实惠，是老师相当爱用的水彩。

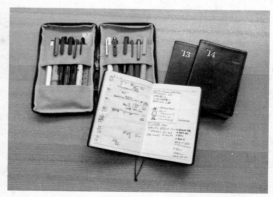

笔袋：つくし文具店原创笔袋。老师很喜欢这款帆布笔袋的触感，打开笔袋，所有笔类文具都能一目了然。

手帐：NOLTY 日本能率手帐，已经连续使用三年了。

ニシダ老师的工作室大公开!

桌子前方挂有一面圆形镜子,老师特别解释道,这镜子主要不是用来整理仪容的,而是在画某些人物的姿势的时候,可以立刻对着镜子比出该姿势,然后画下来。

老师的工作室采光极佳,明亮且井然有序的空间,光是踏进去就让人感到心情愉悦,桌上所有的绘画用具都经过妥善分类、整齐地摆放在笔筒里,这样才能随时找到想要的工具。

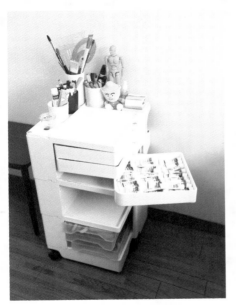

桌子旁边的活动式收纳柜主要用来收纳水彩颜料,看完后让人也很想立刻购入类似的柜子。

使用邮票来创造独一无二的绘封筒吧！

为了让读者更了解绘封筒的产生过程，特别邀请**ニシダ**老师使用台湾的邮票来进行创作，看完以后，是不是也很想立刻购买邮票来彩绘信封呢？

01 准备工具：口红胶（或是胶水）、剪刀、美工刀、喜爱的邮票、信封模板、铅笔、水彩、彩色铅笔。（使用邮票：台北市立动物园建园百周年纪念，邮票发行日期2014年10月16日。）

02 使用铅笔，搭配信封模板，于纸上画出信封的形状，再使用美工刀刀背，划过等等要把信封折起来的地方。让信封在折起来的时候，线条可以更好看。

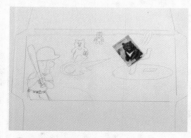

03 构思邮票的摆放位置，使用铅笔打上草稿。

04 完成铅笔稿以后的样子。

05 用色铅笔画出线稿，再擦掉铅笔稿。

06 使用水彩上色，尽量调出接近邮票本身的颜色。

07 待水彩干了以后，用色铅笔画上阴影。

08 完稿以后，沿着边下剪下来。

⑨ 涂上口红胶制作成信封。

⑩ 最后再使用镊子，小心翼翼地贴上邮票。

⑪ 完成！由台湾黑熊组成的棒球队，优秀投手投出令人惊艳（或是说惊吓）的变化球！

另外一款的绘封筒诞生过程！

about

ニシダシンヤ Shinya Nishida
个人网站：http://nishida.tv
twitter：https://twitter.com/24408

另外一款绘封筒的绘制过程，主角是穿山甲，还有圆仔与妈妈圆圆，创造出让人会心一笑的信封。

永田纱恋 老師

爱如繁花在书法里盛开。

专访花漾书法家（花咲く書道）

永田纱恋老师

© Studio Saren. Nagata

书法为一门历史悠久的书写艺术，是中国传统四艺"琴棋书画"之一，书法所呈现的不仅是文字而已，更代表中国数千来的文化精髓。随着历史发展，中国书法也影响到邻近国家，在日本称之为"书道"、韩国则称为"书艺"。

提到书法，你首先会想到什么呢？一枝毛笔、一砚墨水、一张宣纸……也许还有一位留着白胡子的长者正在挥毫。不过，当你看到永田纱恋（Saren Nagata）老师所写的书法，立刻颠覆你对书法的既有印象。打扮时髦的永田老师，和时下许多年轻女孩一样，喜爱漂亮的洋装与指甲彩绘，很难立刻联想到她是一位书法家。然而，当永田老师拿起毛笔，簌簌地写出一个汉字，其全神贯注的神情与端庄的姿态，相当触动人心，也不禁让人感到好奇，她是如何走上书法家这条道路的？

现年三十四岁的永田老师从三岁开始挥笔学习书法，二十一岁取得日本书法教师的资格后，成为一位自由书法家。除了开课教授书法，永田老师陆续展开各式各样的商业合作，例如设计"花之庆次名言录"的落款、"寿司之矶松"等餐饮店广告牌LOGO、日本酒的酒标等等。

有别于传统书法家，永田老师所写的书法不单单只是文字而已，她的作品由两个部分构成：先作"诗"，再绘出诗中的"字"。老师将自己身为女性、母亲之情感呈现于简短而清新之诗词中，再发挥想象力，将插画巧妙地融入到每个汉字里。原本只有黑色的书法文字，在永田老师的巧手下，转变为别具匠心的缤纷画面。由于这些插画大部分是雅致的花朵，因此被称为"花咲く书道"，意思是"有花朵绽放的书法"（以下译为花漾书法）。

花漾书法所选的汉字，例如"爱""幸""感谢"等等，这些文字本身就很有力量，再加上百花盛开的插画，真诚地表达了永田老师内心深处的情感、诗意与温暖。凝望永田老师的作品，常常能感受到画里面充满爱的力量。

2012年，永田老师和位于东京台场的日航东京酒店展开合作，举办了多次个人展览，将花漾书法介绍给更多人认识。这样独树一格、色彩缤纷的书法作品，超脱传统书法的框架，让许多原本对书法兴趣缺缺的人们也开始喜欢上书法了。随后，永田老师更加花漾书法的运用于明信片、卡片、贴纸等文具杂货之中，让书法能够更贴近一般社会大众的生活。

随着计算机的发明和普及，时至今日，许多人连硬笔字都不会太会写了，书法更像是一位步履蹒跚的老人，无法追赶上时代的变化。这点真的非常可惜，书法艺术是借由书写文字来表现情感的艺术，不只是练字，更是一种情感上的修炼。

如何不让书法这门传统艺术消逝在时间的洪流里？该怎样做，让更多年轻一代的孩子们体会到书法的美？书法是否能有更多不一样的表现方式？在永田老师的花漾书法里，也许能够发现一些答案。

花漾书法的设计草稿与最终完成品。

永田老师设计的花漾书法明信片。

认真创作花漾书法中的永田老师。

墨香四溢的童年。

Q1：您从三岁开始学习书法，当时是在什么样的机缘下开始练书法的呢？是在什么时候开始想要将书法当作终身志业？

永田纱恋老师（以下简称**永田**）：是因祖母的影响而开始的。三岁时，祖母询问我想不想练书法，我说好以后，就开始走上练习书法的路了。三到五岁时都有去书法教室上课，进入小学后也持续地学习。那时候也有上其他才艺班，例如珠心算、电子琴、钢琴等，但我对于读书跟钢琴这两件事情可以说是完全不行，只有书法学得还不错。（笑）

写书法的时候，总是能让我感觉非常平静、放松，于是很喜欢写书法，老师常常会称赞我"写得很不错喔！"只有在老师称赞在称赞自己的时候，我才会感到自己是很特别的，因为在班上，我是属于那种没太大问题、也没有其他特别显著优点的学生。唯有在写书法时，会让我稍微觉得自己做得很好、很特别。小学时代就有在想，书法说不定能成为自己未来的职业。

生命的转折点：从单调的黑色到缤纷的百花齐放。

Q2：您早期的作品是严谨的书法，是从什么时候开始有所转变，决定将绘画融入到汉字里？可否和我们分享这样的转变过程？

永田：这样的转变是来自于岁月的洗礼，以及成为母亲以后，身份上的改变，使得作品风格也跟着有所变化。年轻时期的作品是非常严肃的，因为当时对人世间有太多疑问，内心困惑、烦恼很多，不时会感到迷惘与痛苦，所呈现出来的作品是符合当时心境的黑白画面。

2009年升格为母亲，女儿的诞生使我的人生有了非常大的转变，过去这六年，加上怀孕一共七年间，想法变得很平稳，并想以乐观的态度生活。

我原本就很喜欢画画，会选择在书法中加入"花"这个主题是有经过慎重思考的喔！并不是随意地在书法旁边画上花，也不是毫无意义地把花朵融入在书里面，而是基于一位妈妈想起女儿时的心情。我希望女儿能成长地像花儿一样亭亭玉立，于是在写"爱"这个字的时候，加入了一些彩色的花朵，来表达内心对孩子的盼望，画风因此渐渐明亮起来。

同时，我也开始注意到这个世界的美丽之处，热切地想将这样的心情传达给女儿："你出生在一个很美丽的世界喔！""日本是个四季分明的国家，而且会绽放像这样美丽的花朵唷！"。于是陆续在不同的汉字的旁边加上花朵，后来就被人们称为"花咲く書道"了。

花漾书法的文具与杂货

Q3：您为花漾书法推出各式各样的文具杂货，例如桌历、手帐、明信片和卡片等等，可否和我们分享您自己最喜欢的商品是什么？

永田：目前推出明信片、贴纸等商品，这些都是自行设计，再委托给其他公司生产制造，个人最喜欢的是"感谢"系列的卡片。年轻时的自己尽量不依赖他人，面对任何状况，几乎都是一个人努力咬紧牙根完成。生下小孩后，我也告诉自己不能一直依赖他人了，但是因为手上抱着孩子，常常还是有自己一人无法处理的状况，得一直向周遭的人提出请求，很感谢大家给予我的协助。

只说"感谢"二字很难表达自己内心满满的感恩，因此画出了花田，想要传达的概念是："我的心里盈溢了满满的感谢，就像百花盛开的花田"。并以此为契机，开始运用于明信片、信纸组的商品等。

Q4：书法与汉字密不可分的关系，花漾书法中常常可以看到"爱""希望"这些充满乐观的汉字。请问您自己最喜欢的汉字是哪一个？

永田：这个问题有点难，需要想一下……（老师很认真地想了好一段时间）。

最喜欢的汉字是"恋"，这也是自己的笔名"纱恋"的其中一字，现代的日文是写成"恋"字，但是我还是喜爱旧时的写法。

若把恋这个字拆开来看，可以分为"糹、言、糹、心"这几个部分，"糹"在日文是"いとしい"，同样也有爱的意思喔！所以日本人过去在讲解"恋"这个汉字的时候会说："恋は糹し糹しと言う心"，恋，就是传达爱的心情。

我觉得这样的解释拥有很美的意境，因此很喜欢这个字。

随身携带的笔记本是创作的基石

Q5：在创作花漾书法的时候，您觉得最困难的部分是什么？而您是如何面对的？

永田：最困难的部分是从无到有的过程，很需要灵光乍现的那一刻。（笑）我会先打草稿，不会直接使用毛笔来创作，而是随身携带一本笔记本，只要稍微有点灵感，立刻用铅笔迅速地画下来。

和朋友见面聊天时，或搭乘电车时，常常是最容易有灵光乍现的时候，我会告诉自己："要画啰！"然后不会想太多、一口气画出来。我认为这样会比一直定格在书桌前思考还要好，边散步边思考也是一种方式。

在绘制生日卡片的时候，我会思索什么样的人会拿起这张卡片呢？尽可能去考虑到使用者的心情，就这样一边想、一边画。

图片说明：明信片的铅笔草稿与完成品。永田老师表示，当客户有要求时，必须得提出高于对方想象的东西，要提供很多形式的样本给客户，让客户从中挑选，最后做成定型化的卡片。

书法艺术的推广

Q6：除了书法创作，您也有开班教授书法，请和我们分享开课的心得。

永田：来上书法课的学生是以40岁到60岁的女性为主，我常常和学生说，"用心"是重点，如果能用心地画，就能够想象，想象力是最重要的，反而不太需要技术。当然我还是会努力教导学生们画图方式等的技术，但技术毕竟是日后可以想办法教会的，最重要的是要有想象力。

某堂课上有八位学生，大家在没有范本的状态下一起绘出"爱"这个字，让学生画出自己所想象的爱，每个人想的都不一样呢！我会先让学生思考爱是什么，例如想象爱的时候，不是会有颜色吗？即便这个人所想象的颜色和其他人不一样也没关系，不一定是要主流的红色或粉红色才是爱的颜色。大家自由创作，然后再一起看成品，从中进行很多交流。

学生中有一直持续练习书法的人，也有小学毕业后就没碰过的人。在日本的话，小学是百分之百一定都要写书法的喔！书法是规定的课业之一，但只持续到中学而已。在这之后，应该有八成的人就不再碰书法了。我想大部分的人都很讨厌写书法吧！因为临摹时必须写成完全一样。还有姿势，常常会被提醒要坐正，气氛是很严肃的。

© Studio Saren. Nagata

© Studio Saren. Nagata

我只会在学生写字时提醒"请坐正！"可是当大家在画图时，就可以比较随意了。（笑）

笑声不间断的书法教室。

Q7：那么，您心目中理想中的书法教室是什么模样的呢？

永田：提到日本的书法教室，一般认为是在安静的教室中，大家正襟危坐地在写书法。但"花漾书法教室"是一个会让学生们不断惊叹与密切交流的地方，是一间最后让人们带着笑容回家的教室喔！我做的事并不是提供模板让学生临摹，而是练习在书法上增添色彩。

这也是自己一直以来想做的事，我想成为创造这样的地方的人。虽然小时候是被书法教室里的安静气氛所吸引，但如今这样的书法教室已经很多了，如果让我开书法教室，我会想做不一样的事，做一些只有我做得到的事。

在这里大家都很健谈，充满笑声，最后看成品时惊奇不断，我想要开的教室就像现在这样，人人带着笑容，尽情交流、享受的地方。

走过创业初期的不安。

Q8：将创作当成正职工作是许多人的梦想，但却也可能面临工作不稳定的情况，您是否曾经有过类似这样的不安心情？是如何克服的？

永田：以前会，不过现在没有这么不安了。一开始的确会很烦恼，常常会在心里想"真的只有这样就可以了吗"之类的，常常有彷徨不安的时候。

我想即使是在一般公司上班的员工也是一样吧，大家或多或少都会有经济上的不安。不管在哪里工作，难免会有类似的担忧，像是担心公司倒闭、自己可能会被裁员等等。既然无论怎样选择都会不安的话，那我要做自己最想做的事！

从自己独立创业、进行书法的买卖已经超过十年了，创业初期时几乎快把储蓄都花光了，那时也真的有些紧张，不知道下一步要怎样走。而克服的方式，就是去坦然面对，想办法接到更多合作案件。只要是情况许可的话，所有的案子几乎都承接下来，我不太会去挑选客户，无论怎样的合作案件，都尽可能去挑战绘制。

现在比较没有对于工作上的不安，只是迈入三十岁以后，体力不像二十岁时那么好了，现在是对体力稍微感到不安而已。（笑）

Q 9：创业初期曾经历过什么挫折吗？而那些挫折带来什么样的影响？

永田：创业最初的三到四年之间，曾有很长的一段时间是几乎没有工作的，所以现在只要有客户愿意和我合作就会很感谢。真的非常感谢。

创业初期还没有聘请员工时，为了让更多人看到自己的作品，需要自己跑业务，携带书法作品去和很多的客户做介绍，真的很辛苦，被委托指定画法的时候，心里会偷偷想"可是，我的作品风格就是这样啊！"现在都让业务去做接洽了，非常轻松。

然而现在回头看，当初若没有经历过那段毛遂自荐的时光，也不会有现在这个状态，这一切并不完全是我个人的力量，而是因为有许多人一直在支持自己。

Q 10：近期的工作心境是如何呢？

永田：最近有接到一些比较难的案子，忍不住会在内心大喊："什么……这个？"，整个人会有燃烧起来的感觉，会想尽全力好好挑战。

过去的我几乎不会限定合作的题材与形式，不过最近也有客户全权委托给我制作喔！随着接案数量多了后，只要有人说"那就依照纱恋的意见做吧"就会非常高兴，因为这是对于作品的高度肯定，也是很深的信赖感。最近完全不用修正就定案的案子也变多了，很开心！

"我希望自己的工作能够为他人带来欢笑与幸福感，这也是自己在写书法时最大的动力。"

作品风格是缤纷，工作风格是严谨。

Q 11：身为一位艺术家在进行自由创作的时候，和客户进行商业合作的感觉应该不太一样，可否和我们分享您在商业合作方面的心得？

永田：自由创作和依据客户的需求来作画，的确是不一样，甚至可以说几乎不一样。个人原创作品的话，就可不受限制，自己想画什么就画什么，然而商业合作案件就不行，要制作出客户喜欢的样子。虽然现在有员工的协助，但大部分的责任还是在自己身上。

和不同客户合作的时候，我最注重的是：严守交稿期限以及掌握交稿速度。这十年间光是为了取得信任，一直督促自己严守交稿期限。假设客户要求某天要交件，就算有很大的难度，也一定会努力在客户要求的那天提前交件，无论如何都要交出稿件，绝对不迟到，这样才能建立信用。

因为我非常渴望以这个工作为主业，所以努力建立起值得信赖的形象，像是"如果是纱恋小姐的话，可以很快帮我完成""如果是纱恋小姐的话，就算要求色彩再丰富一点，也不会露出讨厌的表情，会回答'是'然后进行修正"的感觉。希望能得到客户的完全信任，让大家感受到我是配合度很高、很负责任的书法家。

在客户要求与自我风格中寻求平衡。

Q 12：当客户针对作品提出修改需求，您是否会感到挫折呢？如果客户提出的要求，和您自己喜欢的风格不一样，您会如何和客户沟通？

永田：被对方要求修改自己的作品时，的确是非常震惊及受伤的……但是，我毕竟不是全靠个人原创作品来经营书法事业的，所以还是要站在客户的角度去思考。

当有客户提出要求变更绘图内容、而这个要求是自己不太能认同的时候，像是对方想要使用的颜色，自己认为不太适合用在这个主题上，答复方式就很重要。完全没有自尊，就无法提出自己的看法，关键在于如何不卑不亢地表达看法。

我的作法是尽可能配合，再从中传达我的想法，进行不断地沟通，最后一定会有折衷方案的。

自律，才能更自由地创作。

Q13：对于艺术工作怀抱梦想的后辈，您有什么样的建言呢？

永田：能够从事自己喜欢的工作很棒！不过我想强调的是"在这条路上要对自己严格一点喔！"

许多人对于艺术家者的想象是"上下班时间很随性、可以想工作的时候才工作"，可是以我来说的话，实际上绝非如此。

因为有小孩，只能利用孩子去托儿所的期间工作，大概是上午九点到下午三四点，这段时间就马不停蹄地工作。但时间往往是不够用，所以我很早起，利用孩子还在睡觉到去托儿所中间的时间工作，孩子起床后再送去托儿所。我做了很多时间上的调整，只为了持续从事这份工作。

虽然很珍惜与孩子相处的时光、也尽力当一位完美的母亲，还是无法面面俱到，有时候会因为疲倦，无法好好准备料理，只好和小孩一起吃微波食品。我也不是一位很能干的人，偶尔会不小心在孩子面前说"啊！不行了！好累啊"之类的话。

可是在工作上，我是绝对会尽力完成。面对工作，必须严以律己，如同刚刚说的，要严守交稿期限，不能因为自己的私事而有任何的怠惰。严以律己，才能得到更多合作机会，让这条路走得更宽广。

珍惜人与人之间的实际交流。

Q14：您拥有许多的接案经验，可否建议后辈，在和客户在讨论商业的合作，有什么地方要注意吗？无论是沟通技巧，或是心态上的调整？

永田：我每次都是怀抱着"日后也能承接相同案主的案子"的心态来进行接案。我相信一定有画得比我更好的人，所以要给客户"遵守交稿期限""不限题材""很好合作"的感觉。同时，不是只把这个案件当成赚钱的机会，而是当作人与人之间的交流机会。

面对面的交流是很珍贵的，虽然现在有手机、计算机，即便从头到尾没有见面也能完成案子，但我还是会尽可能约出来见面。交谈的过程中，比较可以得知对方正在追求的事物，再慢慢地把话题推展到"最近过得好吗"之类的私人话题，可以加深彼此的信赖感。这样子做，不只是为了接到案件而已，也能让工作的时间更加快乐、更有意义。

之前常常会和案件的负责人变成朋友，作品完成时，大家约去喝酒、吃饭，像是庆功宴一样，会很开心。

若是信件上谈不拢，可能之后就完全没有下文了，还挺可惜的。年轻的自由工作者在接案的时候，能够亲自见面会比较好，这样是对于人际关系的磨练。

永田老师的书法示范。

about
graphic artist

准备工具：
书法道具，颜料，颜料盘，明信片纸。

01 思考文字与花朵的位置，先画上画朵。画花时有个重点，花瓣要描绘得美一点，也要掌握花瓣与花瓣之间的距离。

02 以毛笔书写文字。

03 落款与盖章。永田老师特别提醒：一件正式的书法作品，有很多细节要注意，签名位置在哪里也要格外留心，以整体和谐为宜。

完成！

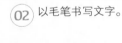

将书法作品制作成卡片。色彩缤纷可爱，但又不失庄重感，写给长辈也很适合喔。

about

"我没有办法想象自己若不是书法家的话，
人生会是什么样子……因为这就是我最爱的工作。"

永田纱恋
官方网站：http://www.saren.net/

森田彩 小姐
小牟礼隆洋 先生

当艺术成为日常生活的一部分：专访日本迷你版画家：森田彩小姐 & 小牟礼隆洋先生

一幅版画只有约四张邮票拼凑起来的大小，有些甚至只有一个橡皮擦的大小，让人忍不住惊呼"太可爱了吧！"

这些可爱的迷你版画虽比一般画作小，但是细节可没有偷工减料，无论是表情俏皮的狸猫、温柔婉约的女子，均拥有细腻的表情变化、丰富的色彩、质朴的线条……最特别的地方是，每张版画还有量身定做的迷你木质画框，让这些版画不只是可爱而已，更多了一份创作者"用心做到最好"的心意。

这些小巧精致的画作出自于日本画家小牟礼隆洋（Komure Takahiro）先生与森田彩（Morita Aya）小姐，两人平常以"小さな版画絵 ayako"的名义在日本中部名古屋一带的小店或手作市集举办展售会。由于他们所创作的版画几乎都在十五厘米以下，"小"成为他们作品最明显的特色。

什么是版画呢？利用各种版材如木板、胶版等来创作一幅画，就是版画，换句话说，版画集合了"绘画、雕刻与印刷"三种技能。

以凸版的版画来说，一般流程为先构图、打好草稿，将草稿转印到版材上，再以雕刻刀削掉不需要的版面，保留需着色的版面。制版完毕后，于版材上涂上颜料或是油墨，最后以拓擦或压印的方式转印于纸张或布上，即可得到一个画面。日常生活中的印章、钞票，均是运用版画的原理。

与一般直接绘图的画作相比，版画的制作过程往往是较为繁复的，所需动用到的工具也比较多，不只考验画家的构图能力，更考验画家的雕刻技法与上色技巧，一幅版画所耗费的时间常常是超乎想象的。

许多人对于购买画作这件事情的印象是"应该是专门的艺术收藏家才会想买原画吧""原画的价格昂贵，无法轻松购买"。若真想把画买回家收藏，还得考虑到是否有家里是否有足够的展示空间，对租屋在外的人来说，也不太方便直接在墙上钉钉子来挂画。

不过若是迷你版画的话，就能顺利解决上述问题。版画拥有真迹可以复制的特色，其价格通常比一般画作低，是一般民众比较能够负担的价格。因为尺寸很小，不一定要挂在墙上，可以随意装饰在办公桌、餐桌或是卧房里，还可以搭配其他杂货小物，混搭出不同的风格。

而这也正是小牟礼先生与森田小姐的创作初衷，两人毕业于艺术大学，一直希望能让艺术走进一般人们的日常生活。他们创作了小尺寸的版画，将版画视为可爱的杂货，而不是让人有距离感、只能收藏在美术馆的艺术品。

1 个展的 DM 明信片，会摆在其他商店供客户索取。

2 迷你的版画很适合当作桌上的摆设品。

3 最小的版画仅有一个橡皮擦的大小！

4 两人相识、合作多年，已经拥有十足的默契了。

想要更了解这些藏在方寸之间的创作故事吗？请继续往下看。

Q 1：请和我们简单自我介绍，您们两位是如何认识的呢？

ayako：小牟礼隆洋 1977 年出生于岐阜县，目前居住在长久手市。森田彩 1975 年出生于名古屋市生，目前居住在名古屋，是地道的名古屋人。

我们两个人都是毕业于名古屋艺术大学美术系之自由画家"彼此相识"，相识于大学时代，都很喜欢名古屋独特的文化与美食。因为彼此很投缘，所以展开合作，从 2007 年开始制作小型版画，现在已经迈入第八年了喔！

Q 2：您们是如何进行版画上的合作？请和我们分享您们的分工方式。

ayako：迷你版画的过程是相当繁琐的，我们两个人会一起思考作品的配置、图样；再将作业内容分开来进行，森田负责制图，小牟礼负责制作画框，这样的分开模式可以提高版画的完整度，即使是小小的版画，也拥有自己的画框。

Q 3：一开始为什么会想要创作迷小尺寸的版画呢？

ayako：我认为"小巧"跟"可爱"是有相关性的，原本大家认为应该是某种尺寸的东西忽然变小了，往往就会让人产生可爱的感觉。

另外就是考虑到实际展示的问题。现在的居住形态改变，像是东京这样人口密集的城市，许多人的居住空间是非常狭小的，但是我认为无论是多狭窄的空间，都是可以装饰的。"不要因为空间小而放弃布置的心情"是我们的想法。

因此与其说是用版画来装饰，还不如说是如使用杂货般，以平易近人价格轻松地创造出各种装饰风格。大家会到杂货小店购买如小房子、玻璃瓶、娃娃等来装饰房间不是吗？我们认为小型版画是可以生活更加丰富的物品，希望大家也是怀抱这样的愉快心情来拥有迷你版画。

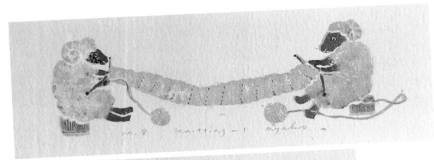

版画的迷人之处就在于"拥有丰富的套色"，尽管都是由一样的胶版盖印出来的，但随着色彩不同，给人的感受也不同。
2015 年是羊年，森田小姐因此特别设计了"绵羊打毛线"的版画。

1
3
0
|
1
3
1

Q 4 : 您们创造了小型版画，更为版画打造迷你画框，请问迷你画框的主要材料是什么？制作画框过程是否有感到困难或是辛苦的时候？

ayako：画框的材料是以桧木为主，使用了如木兰、贝壳杉、山毛榉等各种木材。为了让小型版画有整体感，以较细的木材制作是很艰难的，没有掌握好力道的话，很容易把木材弄断。因为迷你版画是很小的对象，背面还要钉上钩子，需要更用心且正确地制作。

版画包含画框，全部都是手工制作，而非大量订购的画框，这样的手作感觉是独一无二的。只要持着这样的想法创作，也会乐在其中，亦不太会感到辛苦。

为迷你版画制作的画框，细节一点都不马虎。

Q 5 : 创作时，是否会有感到迷惘或是疲累的时候？

ayako：会有疲惫的时候，但因乐在工作，不太会有迷惘的时候。感到疲倦的时候，就外出散个步，悠闲地慢活一下，让自己透透气，适时放松是必要的。

Q 6 : 请问您们最喜欢的画家是？

ayako：芹沢銈介与竹久梦二。芹沢先生是日本 20 世纪重要的染色工艺家，也是国宝级大师，创造出许多深具个人特色的"型绘染"；竹久先生是日本重要的画家、诗人，他的画都很美。

Q 7 : 身为创作者，您们如何保持灵感的来源？

ayako：常保持内心的平静。无须特立独行，自然能从有自信的生活中找到创作的灵感。内心如果不安定、很喧扰，就容易收到干扰，无法专心创作，所以要让内心保持平静。

Q 8 : 您们会如何用一句话来形容自己的作品？

ayako："如于房内装饰花朵般，可作为增添生活色彩的杂货使用之绘画。"

Q 9 : 您们拥有丰富的开展经验，在不同的杂货小店开展与贩卖，您们喜欢在怎样的店铺开展？在准备个展时，什么是您们最注重的地方？

ayako：如果那家杂货店有上架我们自己也会想拥有的商品，例如可爱、亲切的商品，或是整体气氛让人流连忘返的店家，就会想和这样的店家合作，办个展或是寄卖。展览时，会努力做出符合季节的作品，或是能配合店家气氛之展示品。例如冬天，就会特别创作出有冬季感的版画。

Q 10 : 举办个展时，有什么印象深刻的事情吗？

ayako：很多客人会把画作当礼物送人，让我们感到非常开心。客人将迷你版画购买回家后，会把它们放置于家中的样子拍下来与我分享。曾经遇过小学生把零用钱存下来，为了选择要买哪张版画而非常困扰的样子，在旁边看，觉得实在可爱极了。

about graphic artist

不私藏，
版画制作过程大公开！

为了让各位读者更加了解版画的制作过程，特别在这里分享版画是如何诞生的。

使用工具：
铅笔、颜料、雕刻刀、
转印纸（复写纸）、胶版

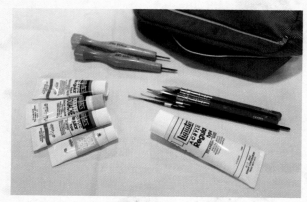

01 先在纸张上打好铅笔草稿。

02 在纸张与胶版之间垫上复写纸，使用蓝笔沿着铅笔稿的图案画制，这样图案就能转印到胶版上。这里要特别注意，因为盖印作品呈现为原设计图左右相反图案，所以绘制前要先将图形反置。

03 使用雕刻刀，延着草图的线条，将不要的部分割除干净。

步骤图照片提供：森田彩小姐

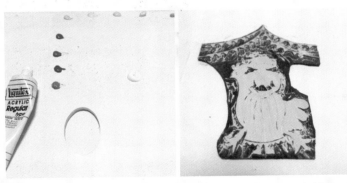

04 调制颜料的浓淡，在制作完成的胶版上，涂上油墨或是颜料。

05 将涂好油墨的颜料盖在空白纸张上，完成第一步的压印。

06 等到张纸还有胶版的颜料皆已完全干燥，再涂上其他区块所想要呈现的颜色，进行第二步的压印。

07 将其他想上色的区块涂上颜色与压印，此步骤需要耐心喔！

08 转印的过程中可以思考许多不同的颜色组合方式，相当有趣，这些都需要不断的尝试与练习。秘诀在于善用对比色，以及留意浅色与深色搭配。避免全部都是浅色调或深色调，可以让画面更有层次感。

09 最后，细节的部分要以非常细的笔手绘完成。

每张版画最后会再加上由小牟礼老师制作的木质画框，让作品更加完整。

不私藏，
布展流程大公开！

你也想要在杂货小店或咖啡店举办个展吗？布展时有哪些布置的秘诀呢？森田小姐表示，他们会和店家一起讨论如何布置展示空间，妥善利用店内正在销售的杂货一同布置，让作品更能融入整家店的气氛。快来看看布展有哪些技巧，这些技巧不只可以运用在办展览上，也可以用来布置自己的房间唷！

本次合作的店家位于名古屋的本山站附近，贩卖欧洲古董杂货的"Robin's Patch"，店内充满各式各样的杂货与老物，就连家具也是古董，充满怀旧气氛。！

将抽屉、迷你板凳、置物柜等先搬到桌子上，再放上迷你版画。

布展之前，先将桌面净空，铺上桌布。

秘诀一

利用桌上型的抽屉柜，创造出能让客户享受寻宝乐趣的空间。

秘诀一

善用藤篮与有蕾丝点缀的隔热锅垫，将版画放在篮子里，营造出可爱的气氛。

秘诀三

使用迷你板凳、杯垫与花饰，让陈列方式更丰富。

秘诀四

使用充满质感的透明玻璃盘来摆放版画，因为是透明的盘子，完全不会抢走版画的风采。

秘诀五

将版画放在充满怀旧感的古董熊娃娃上，让人会心一笑。

布置完成！

 before

after

about

小さな版画絵 ayako 网站
http://ayakohanga.exblog.jp/

Robin's Patch
http://www.robinspatch.jp/

齐藤绢代 小姐
余村洋子 小姐

插画与手作，实现儿时的梦想。

专访阿朗基阿龙佐原创作者：
齐藤绢代小姐＆余村洋子小姐

如果你喜欢到东京的自由之丘、代官山等地区寻找充满原创风格的杂货，大阪"南船场"这一带绝对不会让你失望，从心斋桥信步走来仅需五分钟左右，许多深具特色的店铺就隐藏在巷弄里。

在这里，有一栋风格简约、却又令人忍不住驻留欣赏的建筑物，此栋大楼是日本知名建筑家安藤忠雄先生的作品之一，以清水混凝土的方式完工，拥有质朴的气息；建筑物的窗户与绿化的阳台透过妥善的设计，呈现几何图案之美。

建筑物一楼，有可爱的河童、兔子或熊猫，正举起手和路人打招呼，这些充满原创的插画，就是风靡日台两地的阿朗基阿龙佐（日文原文：アランジネット）。

阿朗基阿龙佐到底是指谁呢？ 其日文官方网站，写下了这一段介绍。阿朗基，Aranzi 的父亲是墨西哥人、母亲是日本人。十年前与 Aronzo 开始进行共同创作。目前居住于美国，并任职于证券公司。阿龙佐，是挪威、越南混血的印度人。目前正在环游世界中，过着流浪的生活。本业是铃鼓（Tambourine）演奏家。

煞有其事地介绍，让人半信半疑，不过点进网页的下一页，可以看到原创角色"胡说八道"，露出像是恶作剧的表情，得意地表示以上骗你的啦！ 随后才附上正式的公司介绍，阿朗基阿龙佐是由齐藤绢代小姐及余村洋子小姐两姐妹一同在日本大阪成立的公司名称，也是品牌名称，两姐妹从 1991 年合作携手至今，至今已满二十五年了。

这样小小的开玩笑方式，流露出大阪人普遍注重幽默感、喜欢搞笑的特质，对大多数的大阪人来说，没有恶意的小玩笑是日常生活的必需品。如果称赞大阪人很帅或是很漂亮，他们不见得会感到得意，但若是称赞他们"你好有趣！""你好有梗！"，往往能让对方引以为傲，难怪大阪地区流传一句话"最幽默的人也就是最受到尊敬的人"。

在阿朗基阿龙佐的原创角色当中，常常也能感受到类似这样的小小幽默感，像是拥有高人气的"坏东西"，有点坏、却又让人不会感到过分邪恶的眼神，总是能吸引到人们的注意力。也许这正是阿朗基阿朗龙佐的魅力之所在，不只是可爱、不只是疗愈，更有一种让人诙谐的趣味性。当幽默具有善良的意念，才能让人会心一笑。

一开始只有两个人，在公寓的房间里以手工制造的方式设计与生产产品，慢慢发展成有二十几位员工规模的公司，在东京、北海道、福冈等地

阿朗基阿龙佐在大阪南船场的本店，是知名建筑师安藤忠雄先生设计的。

1 姐妹一起携手创造了阿朗基阿龙佐。

2 绘画部分主要由余村小姐负责。

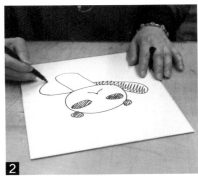

3 河童君、坏东西、白兔妹、白猫、熊猫哥……你喜欢哪一个呢?

4 "阿朗基爱旅行"展览于 2014 年 12 月 27 日至 2015 年 3 月 22 日在台北华山展出,吸引大批的观众参观。

5 参观门票设计成机票的模样,让人有旅行的感觉。

均有分店，在台湾也有咖啡兼杂货的复合式店铺、旅馆。尽管现在的阿朗基阿龙佐有一大票忠实粉丝，两人却相当谦虚地表示她们只是做自己喜欢的事情，拥有一间小小的公司而已。

开设公司是姐妹俩从小就立下的梦想，能够完成儿时的梦想实为不易，让我们一起来了解她们的圆梦过程。

从幼时萌芽的梦想。

Q 1：请问您们是从什么时候开始想要一起合作经营一家公司的呢？是否从小就很喜欢画画或是杂货？

A：我们的父亲经营一家小型公司，母亲在一家小店帮忙。受到父母亲影响，我们从小就很想拥有自己的公司或是店铺，只是要到底要成立一家怎样的公司呢？小时候还没有什么概念，只是我俩从小就很喜欢涂鸦、画画，以及制作一些手工艺品，这样的喜爱是从小就开始的，且一直持续到现在。

Q 2：那么，是在怎样的情况下成立公司的呢？

A：我们原本各自拥有的工作，不过，下定决心要成立公司以后就辞职了。当时在讨论成立公司时，对话像是这样，"好！我们一起来成立公司吧！""我们一起来做一些自己喜欢的事情吧！""好耶！""听起来不错耶，一起执行吧！"……就这样你一言我一语地讨论，将成立公司这件事情付诸行动了。我们是先决定要成立公司，才去细想公司的内容。

姊妹之间的合作之道。

Q 3：请问姐妹俩如何一起进行合作？

A：我们会不断地沟通，谈不上是正式的会议，如果其中有一人提出一个提案，另外一人不反对，就由提案的人负责，简单来说"你想要做就去做，我想做就是我来做啰！"

所有插画基本上都是由余村小姐来负责，把余村的插画做成各种杂货商品主要是由齐藤小姐规划，换句话说，你可以这样想象：余村负责"平面"的设计，而齐藤负责"立体"的设计。贩卖商品、物流或是采购的工作则是交给员工。

Q 4：创业初期最困难的部分是什么呢？

A：应该就是姐妹之间的吵架或是斗嘴吧，小时候还没成立公司以前就会吵了（笑）。

不论是工作或是生活方面，难免有意见不合的时候，就会吵起来，但随着年龄渐长，现在都是大人了，吵架次数也减少了。余村小姐搬到东京以后，我们分开居住了，一个在大阪一个在东京，实际见面次数不多，可能因为距离而产生美感，现在比较不会吵了。

日渐茁壮。

Q 5：从两个人的家庭式手工业，发展成有二十几位员工的公司，您们认为如何掌管员工的部分？聘请员工一同工作的感觉况如何？

A：最初将工作交代给员工，并且要求他们完成哪些事情或是达到哪些标准，不过后来发现效果并不明显，与其强制定出落落长的准则，不如让员工自动自发去做，让员工意识到"不这样做是不行的喔"，这样自我约束的能力能让工作更有效率。

将某些工作的原则交代清楚后，就放手让员工去做，现在员工都会主动去想一些方式，例如可以让工作变更好的方式。

虽然和员工的感情没有到"如胶似漆"那么夸张，不过员工们很认真地工作，很喜欢这样大家一起认真工作感觉。

Q 6：如果现在遇见创业初期的自己，会想对当时的自己说什么吗？

A：因为当时还不知道公司将来会变成怎么样，可能会变得忙碌，可能不会，总之就是要加油，不会特别想对那时候的时候说任何话，会让当时的自己自由发展。

Q 7：请分享您们在经营公司的时候，经营理念是什么？

A：经营理念就是"想做去的事情去做"！这样可以算是经营理念吗？（笑）

不只是要做自己会喜欢的东西，要能卖得掉，才能经营下去，这样的想法从创业到现在都没有变。如果只是把工作当作工作，就会很容易感到乏味、无聊，可是如果是自己的兴趣，就算遇到很勉强的时候，还是会努力坚持下去。

Q 8：创造角色时，是如何决定角色的姓名与性格呢？

A：想法很简单，白色的兔子就叫"白兔"，黑色兔子就叫"黑兔"，其实说不上是特别的命名。或许是这样浅显易懂的名字，大家会比较好记（笑）。

{ about graphic artist }

独家公开！
余村小姐的个人工作室。

工作室的空间虽然不大，但所有数据均整齐排放，计算机、扫描仪、列表机等等与绘图相关的工具也相当齐全。

准备特展常常需要绘制上百张的设计图。

使用 LIFE 出品的空白明信片来作画，最后会使用计算机做上色或是细节的调整，图片为 2014 年"阿朗基爱旅行"特展的设计稿。

余村小姐喜欢使用日本老牌笔记本燕子 (Tsubame Note) 来打草稿、记录灵感。

照片提供：余村洋子小姐

阿朗基阿龙佐：大阪南船场本店

位于大阪南船场的 ARANZI ARONZO 本店，里面的商品种类非常丰富，从文具小物到生活杂货一应俱全，也有一些本店限定的商品。特别推荐深具大阪特色的明信片，背景有大阪城、心斋桥 glico 固力果跑步人……很适合寄给亲朋好友，或是寄给自己，作为这趟大阪之旅的纪念喔！

黑猫　白猫　虎猫　白兔妹　黑兔妹　坏东西　白羊　猴哥　胡说八道　鲤鱼婆　黑羊　白兔妹　河童君　小河童　黑熊猫　白熊猫　机器熊猫　河马妞

阿朗基阿龙佐拥有众多角色，快来一起认识这些可爱又逗趣的角色吧！

© Aranzi Aronzo

about

地址：日本大阪市中央区南船场 4-13-4　电话：06-6252-2983
营业时间：星期日～星期四 11：00 ～ 19：00
星期五 & 六 11：00 ～ 20：00（不定时休）

阿朗基阿龙佐 アランジネット　官网：http://www.aranziaronzo.com/

去日本逛市集

日本的手作市集只要逛过一次就上瘾，
我想很多读者一定很能认同。
摊位以百计，
品项丰富、手作品的设计想法亮眼，完成度高，
无怪乎近年来到访日本的观光客，
很多都会将逛市集排入行程之中。
逛手作市集**最大的魅力**就在于，
不仅能**满足个人的购物欲**，
更能**与创作者面对面交流**，
也可询问创作者原物料的产地、对于创作商品的想法，
或是请教商品的使用方式……
是一种双向交流很特别的购买模式。
为了让读者们更了解**日本市集**，
《**文具手帖**》在本期特别开辟专栏报导，
从**东京、大阪、京都、福冈**，
带着大家先在平面上预演，
让您下一趟的日本行程增添更多口袋名单景点。

Shop Data

东京杂货之谷手作市集

时　　间：每月第三个星期日（有时会有变动，请事先上网查询）＊雨天取消

地　　点：东京都丰岛区雜司之谷 3-15-20

最近车站：都电荒川线"鬼子母神前"站，步行三分钟。

网　　站：http://www.tezukuriichi.com

earth garden

日　　期：请参照官网说明

地　　点：山梨县道志村道志之森キャソペ场

网　　站：http://www.earth-garden.jp/event/nh-2015/

24 回"Lohas Festa"（ロハスフエスタ）

日　　期：2015 年 10 月 31 日 11 月 1 日 2 日 3 日 7 日 8 日

时　　间：9：30 ～ 16：30（最晚入场时间 16：00）

地　　点：万博纪念公园

网　　站：http://www.lohasfesta.jp/

北野天满宫古物市集

日　　期：每月 25 日

时　　间：6：00 ～ 16：00

地　　点：京都市上京区，北野天满宫

网　　站：http://kitanotenmangu.or.jp/

上贺茂神社手作市集

日　　期：每月第四个星期日

时　　间：9：00 ～ 6：00

地　　点：京都府京都市北区上贺茂本山 339

网　　站：http://kamigamo-tedukuriichi.com/

172 回"风の市场"筥崎宫蚤の市

日　　期：2015 年 6 月 21 日

时　　间：7：00 ～ 15：00

地　　点：福冈县福冈市东区箱崎 1-22-1（箱崎宫参道）

网　　站：http://www.kottouichi.jp/hakozaki.htm

护国神社　蚤の市

日　　期：请参照官网说明

时　　间：9：00 ～ 16：00

地　　点：福冈市中央区六本松 1-1-1（福冈县护国神社参道）

网　　站：http://g-nominoichi.petit.cc/

东京杂货之谷手作市集

到手作市集
感受职人之魂！

＊本篇采访已获得法明寺、市集主办单位与摊主们的许可，特此声明。

　　日本的跳蚤市场、手作市集行之有年，这股风气在最近几年吹向海外，愈来愈多喜爱手作的人会把市集纳入旅日规划中。

　　在一般大型店铺、卖场、百货公司购物，很难有机会可以遇到商品的原创者，购买商品只能完全凭个人喜好与直觉。手作市集的魅力就在于：不仅能满足个人的购物欲，更能与作者面对面交流，可以询问作者原物料的产地、对于创作商品的想法，或是请教商品的使用方式。

文字・摄影 by 潘幸仑

逛市集也常常会有许多料想不到的惊喜发现，例如，曾在日本杂志上看过的某个陶杯，意外出现在市集上，而创作这些可爱陶杯的人竟然是一位老爷爷呢！

而在逛手作市集的过程中，常常能感受到许多作者认真、执着的创作态度，体验到日本的职人精神。像是贩卖各种不同形状的卡片的作者，原本以为是作者特别开刀模制作的，一问之下才知道都是作者自己使用工具手工裁切的，这样一心一意只为做出独特卡片的精神，让人钦佩。

因为拥有和原创者交流的经验，让商品充满了生命力，一张卡片不再只是卡片，更多了一份回忆，会想要更加好好珍惜使用。

本次要介绍的手作市集是每个月一次的杂货之谷手作市集（原文：司ヶ谷手创り市），地点在大鸟神社与法明寺的鬼子母神堂。此市集堪称东京地区手作市集的鼻祖，自2006年第一次举办以来，至今已迈入第九年了！它是目前东京都内最大的手作市集，（因篇幅有限，本次介绍的摊位是位于鬼子母神境内，不包括大鸟神社境内）。

鬼子母神堂境内古树参天，绿荫宜人，环境清幽，就像走入一座静谧的森林一样。市集大约聚集了一百三十多个摊位，几乎每个人都用对方可听到的音量低声谈话，即使人数众多，依然维持优雅悠闲的气氛。神堂供奉的鬼子母神原本是恶神，以捉小孩为食，后来受到佛祖教化，成为佛教重要的守护神之一，是妇女和孩童的保护神，因此常常可以看见母亲带着小孩一起前来参拜。由于鬼子母不再是鬼了，故匾额上的"鬼"字去掉上面那一撇。

市集的主办人名仓哲先生是从事与咖啡相关的工作，过去在咖啡店时，偶尔会邀请手作者到店里摆摊，碍于空间不够大的问题，"想要寻找更适合的地方来举办"的想法在心中渐渐萌芽了。

因为名仓先生和其他几位伙伴刚好就住在寺庙的附近，很喜欢这里的环境，于是选在这里举办每月一次的手作市集。那么，怎样才能来市集摆摊呢？

想要来摆摊的摊主，必须于一个月前报名并附上作品的照片，审核的方式通常就以该张照片为主。"我们希望是比较细致、完成度比较高的手作品，所以会从这点去考虑。"名仓先生说。

除了处理报事宜、举办市集以外，名仓先生本身另有其他工作，但是他说两边都是自己喜爱的工作，所以不会感到疲倦。事实上，许多摊主也是另外有正职工作，也是凭借热情与毅力在维持的。

文具、纸杂货

两人都是活版印刷的爱好者喔！

　　若林亚美小姐和竹村涉先生所组成的"まんまる○"，主要从事活版印刷和平面设计，贩卖原创的卡片、笔记本、杯垫，还有原创印章。

　　活版印刷的机器现在很难取得了，他们是在偶然的情况下，恰好遇到有人刚好想卖出机器，所以得以展开活版印刷的相关活动，过去曾参与东京蚤之市。

　　所谓的活版印刷，就是把可以移动的凸版或是活字刷上油墨，然后以手动的方式印压在纸上；这样的印刷方式会使纸张产生微微的凹痕，所以通常不能选用太薄的纸张。正是因为这样，活版印刷制成的卡片、明信片，往往都是以磅数较高的纸张来完成，拿在手上更能感受到纸张的高质感。

　　无论是卡片的纸质、配色、形状若林小姐与竹村先生都相当仔细研究，每张卡片都蕴含活版印刷的学问，让人爱不释手。

活版印刷的双色生日卡片，先印一色；再印上另外一色，展现颜色重迭之美。恰到好处的可爱字体，不会显得太孩子气，是一款很适合大人的生日卡片。

由若林小姐设计的原创印章，可以搭配邮票使用，例如营造出猫咪把邮票举起来的感觉，很容易让人兴起想要写明信片的欲望。

まんまる○官网
http://mamma-ru.com/

来自京都的"聚落社"是一家专门制作纸张与纸类商品的公司，拥有具备京友禅纸技术之职人。

"京友禅"是京都独有的传统印染技术，过去主要运用在和服上，后来也扩及到牛仔裤、包包、围巾等范畴，自然也可以运用在和纸上，也就成为"友禅纸"。和一般纸张不同的地方是，友禅纸触感略为粗糙，具有独特的手感。

社长矢野诚彦先生表示，"聚落"意指部落、聚集场所，他认为即使是传统的旧有技术，也可以制作出崭新的产品，使大家能用得开心。因想聚集有以上想法的伙伴的地方，故以此命名。

一般的传统和纸花样比较制式一些，矢野先生特别设计了许多新颖的图案，希望能引起一般人对和纸的兴趣。来市集摆摊除了可以亲自与客户介绍和纸的独特地方，还能观察到人们衣服上的花色、包包的颜色，透过这样的观察过程，激荡出更多的设计灵感。

聚落社官网
http://jyuraku-sha.jimdo.com/

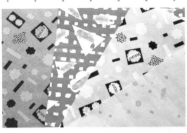

质感佳的和纸，要用来包装礼物呢？还是自制纸袋呢？还是包在书上，当成书衣使用好呢？光是思索这些纸张的用途就让人感到雀跃不已。以炸虾、糖果饼干为主题的和纸，矢野先生笑说因为他对吃很有兴趣的缘故。

以和纸制成的小纸袋与纸盒，纸盒是交由专门制作盒子的公司来制作的。

旅するミシン店官网
http://tabisurumishinten.com/

旅するミシン店官网
http://tabisurumishinten.com/

以缝纫机制作成的棉麻书套是相当高人气的商品，书套上的"拟人化的动物"图案相当有趣，例如正在洗碗的猫咪、正在烫衣服的狗狗，这些都是植木小姐亲手设计的图案，再印到布面土。

"旅するミシン店"是贩卖纸制品文具和布类商品的小店，实体店铺在东京的谷中，目前只有六日与国定假日会开放营业，店长植木ななせ小姐偶尔会到市集上摆摊。

ミシン就是日文缝纫机的意思，植木小姐认为旅行的方式是很多元的，即使是只到住家附近的公园散步，也能拥有像是旅行的心情。"如果自己亲手做的物品能够被消费者实际使用在日常生活或是旅行中，我会感到非常开心。"她说。

小仓小姐的合辑书也有繁体中文版啰！书名《幸福画饼干：甜蜜糖霜彩绘的时尚 COOKIE！》

由于甜点和面包一向是市集上最快卖完的商品，常常不到中午时间就销售一空，所以建议读者们先来食品区。

手作面包、饼干和甜点。

爱丽丝受到不少日本女生的喜爱，所以这款饼干一直都是佳评如潮。
ANTOLPO 官网：http://www.antolpo.com/

本次市集最有人气的摊位，无疑就是手作糖霜饼干 ANTOLPO(アントルポ)了！不到九点已经涌入大量的排队人潮，听一位排队的日本妈妈说，上次开卖时间不到一个半小时就全部售完了呢！

摊主是小仓千纮小姐，从制菓专门学校毕业以后，曾在蛋糕店工作三年。因为喜爱手工糖霜饼干，小仓小姐凭着这份喜爱与热情，认真钻研学习如何制作糖霜饼干，之后离开蛋糕店自己出来创业，开设了 ANTOLPO(アントルポ)。

小仓小姐的糖霜饼干只能用"非常可爱"来形容，例如做成像是蛋糕的模样，或是毛衣图案的饼干，看起来都非常逼真。另外也有童话故事爱丽丝、猫咪和鸟类等等图案，每款图案的线条都相当精致。

小仓小姐说她希望自己的作品和别人不一样，所以投入大量心力与时间研究新款的饼干图案，若是你喜欢糖霜饼干的话，下次记得要早点来排队唷。

来自京都的 La pause 也是高入气的摊位，店长福井保嗣先生和店员是特别从京都开车来东京摆摊，光是单趟车程就要六小时！福井先生说许多人认为欧洲的甜点如马卡龙、蛋糕都不便宜，只能偶尔吃一次，他希望能打破这个观念，以较便宜价格提供美味的糕点，让消费者能天天享用。

"虽然是比较低的价格，但是我们对原物料的选择是很坚持的喔。"福井先生说，例如抹茶是来自京都老店一保堂茶铺的抹茶，油品来自京都的山田制油，面粉也是选用有通过严格卫生检查的优良面粉。

如果要品尝拥有京都风味的甜点，可以挑选抹茶口味或是黄豆粉口味的马卡龙，轻轻咬一口下去，即可感受西式与日式的美妙结合。

手拭巾

　　染布作家坂本友希所制作的手拭巾，悬挂在半空中使其随风飘逸，充分展现出日本手拭巾轻盈便利的特性。手拭巾虽然是日常生活的用品，但如果像这样挂在房间内，当作是一幅画，相信也会是很好的室内挂饰。

　　坂本的手拭巾图案常常可以看到丰富的线条、点点、圆形等几何图案，呈现简单大方之美。此外，她也善于创造树叶、花朵等图案。除了手拭巾外，也有手提包等商品。

中村幸代小姐的 tsubame-shop 手拭巾则呈现不同的风格与魅力，以羊、鹿、猫咪、鸟类、狐狸等动物为主角，搭配华丽的花朵与植物，充分表现出手拭巾染工精致的优点。

官网：http://www.tsubame-shop.com/

坂本友希 粉丝专页：www.facebook.com/yuuuuukisakamoto

KoNA Leathers 的皮革商品，从长夹、短夹、零钱包、眼镜袋到笔套，可说是应有尽有，其中让人会心一笑的商品，就是以 Suica 企鹅西瓜卡为灵感的票夹了。

官网 > http://konahandmade.blog.fc2.com/

皮革

特别在企鹅的位置挖空，让可爱的企鹅可以露出来打招呼。

无论是长靴或短靴造型，细节绝对不含糊，做工均相当细致，看起来就像真正的皮鞋。

同样也是以皮革为创作主角的"豆工房"，除了笔袋、零钱包等等，还有吸引众人目光的迷你皮靴项链。

官网 ;http://blog.goo.ne.jp/mamekobo

木工

*木工职人岩井建一先生的 WOODWORK（キッコロ）是制作木制家具、时钟、相框与儿童玩具的店铺，小鸟造型的别针与项链相当讨人喜欢。木头本身就给予人们温暖的感觉，加上小鸟、绵羊、刺猬等等可爱的造型，让人更想要拥有。

官网：http://www.kikkoro.jp/

陶器

陶艺家铃木明日美的"青堂 aodou"让人留连忘返，以清新的蓝色为主，搭配可爱的猫咪、鹿等动物图案所制作出的碗盘、杯子，传达出陶器温润亲切的特性。

官网*:http://ao-dou.com/

羊毛毡

树脂

使用树脂和塑料等材料制作的胸针 "fabbrica MANO"，有小鸟、富士山、栗子等等自然不造作的可爱图案，在市集上赢得不少顾客的目光。胸针的颜色明亮、清新，感觉格外适合夏天使用。有些胸针很快就卖掉了，若是看到非常中意的图案，务必要好好把握。

官网 http://fabbricamano.blog.fc2.com/

"苔ノ森商店キムラフユ"的胸针、发饰是以令人感到温暖的羊毛毡制成，有正在品尝果酱吐司的松鼠、拥抱面包的女孩……各种俏皮可爱的造型，令人不禁佩服作者的创意。将这些羊毛毡别针别在衣服或是包包上，就是独一无二的个性配件了。

粉丝专页：www.facebook.com/kokenomori

　　在逛完市集以后，不妨转换一下心情，来到糖果店与小吃摊补充体力。鬼子母神堂内有一间历史悠久的糖果店 "上川口屋"，创立于 1781 年，是日本最古老的糖果店，现在传承到第十三代。里面贩卖充满怀旧感的糖果和小玩具，即使已经离开爱吃糖的年纪很久了，看到这样古老的糖果店还是会想买一些小零食来回味童年。

文字・摄影 by 小川马欧

东京都道 413 号线旁的地球花园

earth garden
"冬" 2015 新年会

一片被极尽人工开发后所制造出幸福假象的土地上，正有一群人试图寻求并且挖掘出最原始生存的根本。所谓饮水思源的时代即将来临，除了感激我们所拥有的富足的同时也希望开拓所有人宽容与付出的世界观。2015 年年初"earth garden"的新年会，就在东京冬季特有的晴朗青空夹带着狂风的气候下，于车水马龙都道旁的代代木公园中平和展开，静谧悠然的气味正如他们所坚持的自然与人类间的平衡关系，新的一年就让这座地球花园百花盛开吧！

将音乐、生活与自然紧紧相系，打着"Think Future, Live Now."的名号于 2008 年创办以"有机与生态"轻生活美学活动，成立此一构想的当时并不广为人知，直至 2011 年时遭逢 311 东北大地震，虽将日本这块土地震得满目疮痍，却似乎从那破碎当中重新诞生另一种坚定的生存力量与复苏，如同自荒芜的裂石中迸出青绿的芽那般，渺小而又生机勃勃的 earth garden 工作室今次召集相同理念的创作者、音乐人与美味料理名店共襄盛举，2015 年年初的冬季野外新年会在星期六、日为期两天热热闹闹正式开催。

抵达即使冷飕飕但依旧人潮如织的榉木并木区，一入眼便是友善的服务台，提供摊位信息、各店家的传单与 earth garden 工作室自主发行的杂志刊物，因为是新年会所以同时贩卖限定福袋，一个 6000 日元。入场免费。

earth garden 官方网页上的交通指南告知所有人，活动场地就在原宿出站后步行三分钟的代代木公园，但见到偌大的公园入口处的告示牌后才惊觉原来我又被日本人的时间计算诈欺术给骗了。正确的位置其实在后方的榉木并木区。于是只好迎着日本气象厅预测神准的强风与穿透胸腔似的澄澈空气穿越半个代代木公园、一座横越 413 线的陆桥与恰巧遇到 SEKAINO OWARI 正唱着活跃明快的"炎与森林的嘉年华"的野外音乐堂，明明是难以忍受的寒风与距离那沿途风景，却美好得像一场冬季梦境。

服务台边拿了几张设计简洁的传单，忽然意识在清冷的温度中嗅到烫热的清酒气味、煮得冒烟的豚汁气味与甜美的蜂蜜气味，那是一股温暖潮湿的香气。展示摊位并列三排，最前头压阵的便是诱惑人类最本能感官的美食区，而吸引我的果然还是行动咖啡厅"honobono 号"。

这种天气来上一杯热烫的蜂蜜姜茶简直感到被救赎了。

DATE

【honobono 工房：http://honobono.weebly.com/】
honobono 咖啡厅位于神奈川，参与活动时会暂时休店，去年接近秋天的微热气候，也在自由之丘的 LOHASFESTA 市集上品尝过冰凉爽口的蜂蜜姜汁汽水。honobono 号的冬季菜单内容相当简单，只有蜂蜜咖啡牛奶、蜂蜜柚子茶、蜂蜜姜茶，还有大人限定的蜂蜜梅酒和蜂蜜红酒。

行动咖啡厅"honobono 号"。

摊贩旁同时贩卖他们在湘南自采的纯蜂蜜，个人推荐啊，毕竟它让我感动过两次。

to-9
http://www.to-9shop.asia/

正如同这种环境意识抬头的场合怎么能少掉绿意盎然的小盆栽。然而每次企图挑选几盆投缘的朋友们回家，都碍于提着盆栽逛市集很麻烦的想法下总是错过一次又一次的机会。

MAMARACHO G.H.
http://mamaracho.shop-pro.jp/

五颜六色的夸张色彩视觉效果逼得我不得不向前仔细研究究竟是什么花花绿绿琳琅满目。原来是手工制作的 iPhone 外壳，各种元素拼凑成抢眼的特异独行可爱毙了！绕了会场两圈才压抑住我的购买欲，买它不是刮伤包包就是包包刮伤它啊。

美式中古小物贩卖，店内朴素的商品还不如店外摆设脏脏旧旧的小东西来得有趣。所有孩童时期玩过的伴家家酒游戏的小配件或小玩具全拿来做成吊饰，趣味性十足，它激发了我爱捡破烂的本性，不过当时店长不在，逛完市集后他们居然也早早收摊，应该是我本日最痛心疾首的错过吧！

Art Craft Party
http://artcraftparty.web.fc2.com/
index.html

美得我心花怒放的玻璃与陶器手工作品，纤细华美的融入世界各地风情与素材，与其说是家饰倒不如说是品味优异的平价艺术品。一只吊饰的价格从 2500 到 9800 日元不等，所有商品皆只有一个，相当值得入手！

另外也有贩卖小吊饰,一组 10 个 540 元,入手的系列当中最让我失心疯的其中四个,非常可爱!

手作店 kurukuru
kurukuru.ocnk.net

个人对于书本与纸张相关物品有剪不断理还乱的执念,因此途中经过素材的摊子前免不了被能够自制的书签材料给迷住双眼。一只 200 日元,我忍不住买了闷骚的蔷薇样式。

店なし杂货屋
https://www.facebook.com/
misenasi/timeline

今次最期待的莫过于不定期出现在各大市集的"店なし货屋"。店主号称无店无招牌,并且希望能缔造出如同迪斯尼乐园般的巴黎跳蚤市场,让所有迷恋古物的狂热份子们在那梦的国度里寻找感动。带点冒险感的流浪杂货屋想当然的必定人气高涨,因店内空间狭窄人潮拥挤只能拍到一角落实则可惜。

风音
http://ameblo.jp/sion-hana/

紧邻着店なし货屋的摊子竟然又是另一间让我逃不掉的手作材料店。和妹妹有自制饰品或文具外围吊饰的爱好,看见这一大盆根本连灵魂深处都在怒吼的狂喜啊。不过种类实在太多体积也跟豆子差不多大同时我选择困难症又发作,头晕脑涨地弯着腰捞来捞去,捞了二十分钟觉得自己很像日本怪谈里那个洗红豆爷爷,豆子磨来磨去,磨成粉吃下去,把人抓来磨来磨去,磨成粉吃下去。

日本生命绿的财团：
https://www.facebook.com/nissaymidori

日本生命绿的财团（ニッセイ绿の财）与木材手工艺作家长野修平先生共同合作，开放教学制作属于自已的筷子，参加费用自由捐款作为支持日本人工造林的基金。而筷子的木材是使用间伐材（又称为疏伐材；于人工林为使树木获得充足阳光须将不必要的树木伐除，那当中取得的木材便是间伐材）。出生自北海道、自小便是森林的孩子的长野先生毕生极力推广森林与人类间和平共存的关系。目前在杂志中连载手工艺与野炊料理的文章，并且着有东京出发的悠闲生活（东京スロ｜ライフ，暂译）。虽然错过能够亲手制作个人筷的时间，但现场欣赏他利落的削木磨光也特别痛快！

做不到筷子我也支持不滥砍滥伐积极人工造林，工作人员鼓吹中之下在日本生命绿的财团的脸书专页按赞便可得到长野先生制作的木头杯垫。

成品相当漂亮平整，很难相信是手工制成！

接着再选择牌子的颜色，光是配色我站在摊子前又是二十分钟，这场市集幸福到我精疲力尽了。

选择横式会显得较为美式；但若选择直式，那字迹与色泽就会有我喜爱的昭和感。因今年预定和妹妹共同成立手工饰品与时尚的工作室，巧逢 D-CAN.SHOP.便决定也订制一个小招牌。下订单前要先将表格填妥，包括文字的底稿与排列等等。

完成品略微粗糙略微怀旧完全符合我们少女属性的期待，工作室名字"萌萌融融"笔划太多多付了 300 日元。

本日重头戏，D-CAN SHOP.的手工绘制广告牌。店长金泽先生因深受美式招牌的影响，于 1985 年成立店铺，并且游走在各跳蚤市场与手艺市集上，为所有人用色彩缤纷的油漆绘制个人化门牌、招牌或信箱。XS 与 S 的尺寸为 1600 日元、M 尺寸为 2000 日元，至于 L 尺寸为 2500 日元，若另加花样为 300 日元，字数过多或文字复杂则酌收 200 到 400 日元不等。

令我意乱情迷的市集即将结束之时才发现自己又饿又渴，离开前吃了材料全使用有机食材的泰式炒面和拉面。寒风当中鲜美无比的美食下肚也给自己的 earth garden 新年会来个浪漫充实夕阳落下般的落幕。2015 年不知道又会在东京的何处与静静等待着我的杂货与文具相遇呢，为此我已做好下一次约会前盛妆打扮的万全准备了。

about

小川马欧
B 型，肉食系，兼顾翻译撰稿与创作为人生目标的暴走属性文字工作狂。
主食摇滚／书店／纸张系文具。东京地下活动中。
BLOG：http://xvampiremissax.pixnet.net/blog/

这回 LOHASFESTA 的市集招牌。

看不足、食不尽，
逛过就上瘾的
关西市集之旅！

文字·摄影 by 吉

水质清澈的森林梦幻市集，上贺茂手作市集。

北野天满宫古董市集。

上贺茂神社前的大鸟居。

北野天满宫古董市集。

　　2014 年 4 月第一次自己和朋友去日本，美妙的关西旅行余韵不绝，回来之后立刻又订下同年 10 月的机票，这次一口气排入几场市集，除了战利品之外，也带回不少市集的观察笔记。两次旅行都承蒙友人鼎力协助，自己先忏悔没有好好做功课，该打。订机票之前就打定主意要去寻找老件收藏品，因此行前即已尽量把行李减到最轻，租借的行李箱是极轻的款式，两个行李箱再加上换洗衣物与必需品，总重不过七公斤。廉价航空的行李重量限制严格，除了加买一件行李的名额之外，减轻带去的负重与一个优质的行李秤是必备的。

　　这回足足在日本待了十四天，街边景色依然看不足，食物的好滋味也尝不尽。前面几天都是在京都市内到处走来走去，先是拜访附近的锦市场与锦天满宫，接着去了久仰盛名的 SOU。SOU 与伏见稻荷神社，也去了京都市立动物园与平安神宫。住在四条河原町的好处是到哪里都很方便，用走路的方式就可以抵达文具人必去的 LOFT 与 TOKYU HANDS，在这里要费很大力气控制花费呢！（偷笑）

当点心的章鱼烧摊位，还是大阪的好吃……

北野天满宫
古物市集

此趟关西行遇到的第一场市集是天满宫的古物市集，也是此行的主力市集之一。这个市集每个月的 25 日都会举办，地点就在京都上京区的北野天满宫，市集时间很早，一早六点就开始到下午的四点，这个地点距离我们落脚的旅馆有点远，必须更早出门，如同在台湾的跳蚤市场攻略，去日本的古物市集也一样要早早到，老件与新制品不同，少一件是一件，每个老对象保留的时间痕迹全然不同，每次市集出现的东西都不一样，晚了就向隅啦！

当然，个人对于玩老东西的基本心态是不求天长地久，但求曾经拥有，太过就成痴迷了。日本人惜物爱物的精神在古董市集里展露无遗，大部分的摊子都是将物品摆放得齐整干净，当然也有少数摊位是把东西散放地面，不多加摆设。天满宫周遭大多是住宅，有小小的店家错落其中，整个市集热闹而不吵杂，场地相当大，摊位几乎都被有遮阳棚，是逛起来蛮舒适的空间。天满宫

老铜灯。

在这摊买到库存新品的怀纸一整叠。

古董布料。

也有很多老材料摊喔！

在这摊扫了线轴。

天满宫古物市集有许多陶瓷器摊位。

市集比起其他市集相对而言是小吃算多的市集，有各种腌渍物，各种颜色的金平糖，还有好几摊章鱼烧与煮物的小摊，还看到棉花糖喔！也有许多其他熟食摊的摊位，见识到如何快速准备乌龙面的技巧。逛天满宫市集不用担心饿肚子，只要预备好负重的装备就可以用力地逛啦！

但若是本就预计要大买特买，那么就要考虑自己能负担的手提重量上限或是准备简易拖车。这次最重要的收获是一对特大号的下颚解剖模型与有心室内壁组织的心脏模型，另外还很幸运地遇到成堆的印刷版凸版，印章控如我当然是一个不漏地带回来。天满宫古物市集不是走高贵古董路线，大多是依然堪用耐用的老对象静静等候新主人，当然啰，要找品项优秀，数量稀少的绝美老件也是有的，只留待各位慢慢寻宝啦！

值得一提的是同一天晚上我们去了三条商店街里面的百元夜市，无固定举办时间，几乎每样商品都是一百日元，是很能感受当地气氛与风俗民情的一次！买到物美价廉的带留与河豚纸灯笼，吃到非常好吃的百元热烤香肠。

多想把这个柜子搬回家！

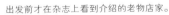

出发前才在杂志上看到介绍的老物店家。

品项保存得相当好的老收款机。

上贺茂神社 手作市集

摆设有趣的筷架摊。

种植多肉的风气相当盛行，摊位也很多喔！

第二场市集是在上贺茂神社举办的手作市集，每个月的最后一个星期天都有，真正是在森林里的梦幻市集无误。上贺茂神社前面有个大大的鸟居，走进去就会看到了，市集入口附近有一座小马厩，是神马的地盘，记得有看到"请勿拍照"的牌子，就请别再对着神马猛拍啦！

与上次拜访的下鸭神社市集相比，上贺茂手作市集的规模大多了，树林中同样都有溪流穿过，空气里满是清新的气味，阳光洒落的地方视线非常干净清晰。上贺茂手作市集的摊子想来是有筛选过，几乎全是纯手作品，少数几摊是开模制造，没有机器大量出产的商品混杂其中，这点是非常值得称许的，在这个什么都讲求量产快速的世代，手作的价值是无可比拟的呀！

我们一进去就遇到一个宛如松鼠般小小的创作者，不是指她年纪很小，而是整个摊主给人的感觉就像她的作品一样，小巧可爱，摊主很害羞，摊位也超级小，看来是专做钩织的作者，只有少量的几件作品，几乎是我和朋友买完之后就差不多空了，再一次很幸运地买到好作品，真开心！

像小松鼠的创作者的作品，再次印证作品可以
表现作者这句话。

多可爱的毛毛虫

很可爱的卷卷猫陶瓷摆饰。

超级喜欢的贝壳蝴蝶。

日本有很多市集都是"雨天决行"（即便雨天也照常举行），所以如果下雨还是要注意一下行进的难易度喔，上贺茂手作市集的地面是砂石铺地，蛮好走的，如果雨天就得小心泥泞，我们接着去的"梅小路市集"是在一片像操场的草地之中，不巧遇上阴雨天，满地的泥巴影响了逛的心情与方便度。在上贺茂手作市集里面有许多卖手工糕点与面包的摊位，几乎没有热食，所以去之前吃饱一点，逛完再离开去别处吃东西吧！

看到一摊做筷架的摊位，东西显然是开模制造，但是也还是很精致，摆放的方式颇具风情，连筷架也能如此充满趣味。另外一位让人印象深刻的摊主是一位老先生，用贝壳制作简单而优雅的蝴蝶，也用橡实的帽子做了饶富兴味的毛毛虫！毛毛虫耶，可以扭动的毛毛虫哦！！当然是买了！也带了三只小蝴蝶，回来用木块为它们制作台座，无怪乎日本人喜欢摆放的艺术，就这么摆着也让我的桌前多了好几层的优雅气息。买毛毛虫还可以选一片叶子，老先生给我们每个人多一片！逛着逛着，心里不断浮现：这就是日本啊……的赞叹。

万博公园的太阳之塔。

看到许多植栽摊位，可惜无法带回台湾。

LOHASFESTA
市集

　　和北野天满宫市集一样，同一年内去第二次的另外一个市集就是举办在万博公园的 LOHASFESTA 市集。万博纪念公园是将 1970 年的日本万国博览会会场改造成充满绿地的文化公园，占地百顷，举目所及皆是山林与树，园内还有国立民族博物馆。

　　从京都到万博公园要转乘好几次，一样得记得预留交通时间，最后一段的单轨电车很有意思，感觉倒颇像云霄飞车的轨道。万博公园入园是需要门票的，而市集本身也需要门票，可以自己取舍要在哪一段排队买票入场啰。去万博公园的那天没有下雨，不过前一天大雨刚过，地上还有多处是湿润的泥地，市集主办单位很用心，铺设了让游客好走的塑料地垫，逛起来也算是方便的。

　　LOHAS 市集备有亲子游乐设施，许多人都是携家带眷地来到市集野餐，装备多点的有小帐篷，少一点就是铺个野餐垫啦！市集里面有相当多的陶器摊位，都是创作者自己捏制烧成的作品，日本陶艺相当盛行，价格也不贵，很容易就失神大买，这种时候就需要有个好朋友在旁边提醒行李重量！（大笑）上一回遇到的面包别针与陶制小屋子一样都有出现，当然还是再买，实惠的价格很适合买来当做伴手礼。这次遇到一摊很惊艳的印章摊位，图案都非常别致，也是可以直接失控的一摊。反正印章很小又轻……最喜欢的是买到陶制的手掌项链，挂在身上随时可以玩给我糖果的游戏。LOHAS 市集也有许多老物摊，较多欧美来的老物件，有精致的玻璃钮扣与黄铜物件，再度买了黄铜烛台，老发条钮与罗盘，还碰巧买到两个老挂钟的内部机芯，一样是黄铜材质，还可以运作呢，是拆下来当作零件卖的，价格相当讨喜。

　　这一样是个需要注意购买物负重的市集，常见到手拉的拖车出现，轻便的折叠式拖车也很适合。我们

可以玩"给我糖果"的伸手游戏。

仿真的面包别针，推测应该是真的
面包制作的吧……

园区内各处都非常漂亮。

布满帐篷与野餐垫，还有小朋友。

运气真的很好，在公园另一处遇到很有朝气的活动，看着身着传统服饰的年轻男女充满活力地跃动，忍不住也想跟着跳起来。还看到一位也许可归类为街头艺人的魔术师，本人相当具有谐星气质，我听不大懂日文，光看动作也觉得引人发笑，同行友人都听得懂，从头大笑到尾。逛完市集之后必定要来看看万博公园的象征：太阳之塔，个人很喜欢从背面看它，总觉张开的双翼充满安全感。

短短两周的时间，一口气去了四个市集，回想起来历历在目，日本这个国家到处充满细节，认真实作的态度总让人肃然起敬，不管去到哪里，身为旅人与拜访者，秉持的是全然尊重与感谢，入境随俗，如此必能享受美好的旅游经验。连着两次旅行到关西，看过几个市集，对我来说，最珍贵的是摊主们展露的温暖心意与认真创作的精神，那一张张的笑脸，永远都不会忘记吧！

可爱的印章摊位，图案别致有趣。

博多河畔访古旧物地图
季节限定
福冈特色市集

文、摄影／毛球仙贝

　　相对于东京、北海道、京阪神等日本旅游热区，九州岛开始受到旅人瞩目是近几年的事。但面积跟台湾一样大的九州岛，可不是只有恶魔果实的动漫主题乐园喔！从九州岛中央的阿苏火山到北端的佐世保九十九岛，都有着让摄影迷揪心难忘的无敌山、海大景。而从山城长崎到大都会福冈，随意漫步巷弄中，也能到处巧遇横跨上千年的街景活历史！

　　单讲九州岛门户也是最大都会的"福冈"，不仅是全日本"机场距离市区最近（只要数站地铁，不到 20 分钟车程就能抵达）"的大都市，还有着知名拉面的总店，以及购物狂绝不会错过的天神百货区。整个福冈从大型 Shopping mall 里最新流行时尚、优惠 Outlet 精品，到神社市集里工匠职人的手工况味，几乎无所不包。本次就特别来介绍两个位在福冈，且让所有器皿道具及旧物迷朝思暮想的"季节限定"风味市集："筥崎宫跳蚤市场""护国神社跳蚤市场"。

风の市 － 筥崎跳蚤市场
在风中聆听旧物的故事

　　"筥崎宫跳蚤市场（筥崎宫蚤の市）"通常在每月的第二个星期天举行，如同名字一般，是利用"筥崎宫（箱崎宫）"前参道的两侧空间来摆设。只要从福冈交通中心的"博德站"搭乘火车在"箱崎站"下车，或是搭空港线地铁转箱崎线在"箱崎宫前站"下车，都可在 10 分钟之内轻松步行抵达。

　　当年元朝的忽必烈率军攻打日本时，在九州岛海面上遭遇台风，导致全军覆没、无功而返，传说这"台风（神风）"就是"筥崎宫"的神迹，因此"筥崎宫跳蚤市场"又有"风之市集"的美称。和

<table>
<tr><td>about</td></tr>
</table>

毛球仙贝
生活道具与文具杂货的偏食症患者，长期被"日常美的生活模式"所召唤。当漫游者的经历，比当旅游者更丰富；当读者的经历也比当编辑更丰富。
目前正在进行"渗透日本"计划。

其他市集相比，筥崎宫跳蚤市场可说是个不折不扣的"老物市集"，三五十年以上的昭和时代制品随处可见，甚至就连路旁不起眼的木制小算盘，都有我们年纪的两倍大，而放眼所及最年轻的，大概就是逛市集的人们了。

除了"古物与老物"之外，整个市集其实并没有特别的展示主题，因此也成为古物迷挖宝的好地方，例如在某个摊位的小角落，你可能会发现老式的煤油炉、古董的双反相机、甚至是早年居家必备的医药箱小木柜等。还有旧杂货店的招牌、镶嵌彩绘玻璃的铁制窗棂、以及满坑满谷的旧海报、老书、小贴纸等，完全无法预料在下一个转角处，会发现什么惊喜。另外这里还有战后经济复苏时代各项轻工业的产品遗物，像是老纺织厂里的吊挂小木轴、印着明治制果、朝日啤酒等品牌的旧式玻璃杯，可口可乐的铁制小保温箱等，都足以让古物迷流连忘返，而且连雨天都照常举行，有兴趣的老物控们可千万别错过。

战利品

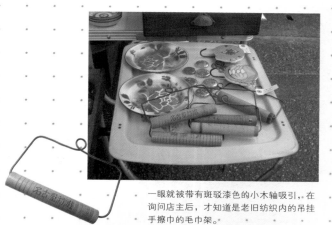

这款玻璃杯是日本昭和时期明治乳业，为了宣传乳酸饮料 "パイゲン C" 所制作的。

一眼就被带有斑驳漆色的小木轴吸引，在询问店主后，才知道是老旧纺织内的吊挂手擦巾的毛巾架。

来自法国的复古胸针，每款都只有一个而已，错过了就没啦！

这款镶嵌彩绘玻璃的铁制窗棱，是利用回收来的旧家具，翻修而成的仿古款。

印着各大厂牌的旧式玻璃杯，明治、朝日、麒麟……你喜欢哪一个呢？

旧时的各式玩具，总能勾起许多快乐的童年回忆。

在贩卖铅笔、蜡笔、铅笔盒摊位上，总能听见许多日本人不断惊呼着：
"好怀念啊！"

来不及参与的美好年代，只能在古董市集，一点一滴地拼凑
出那些老年代的样貌。

护国神社
跳蚤市场
赏游寻宝、精彩纷陈的特色市集

　　"护国神社跳蚤市场"顾名思义是在福冈"护国神社"的参道前广场举办，从博德车站搭地铁，到"大濠公园站"下车，步行约 15 分钟即可抵达。虽然这市集约每半年才举办一次、为期两天（2015 年"第 22 回护国神社蚤の市"的举办日期是 5 月 16、17 两日），但每次举办时都是九州岛北部地区的大事，不仅福冈地区各类手工艺、古道具店家会齐聚一堂，甚至远到熊本、阿苏等地的艺术创作者，也都会特别抽空来共同参与。而最近几届的跳蚤市场，更开始以"旅行市集"的形式，巡回熊本、阿苏等地。

　　和以古、旧物为主的"筥崎宫跳蚤市场"不同，"护国神社跳蚤市场"在摊位的类型上精彩纷陈，有老东西也有新设计，十分多元。有新锐设计师独立制作的手工服饰，盆栽园艺类的绿手指艺术家，带着自己精心培养的植物们来摆摊，还有异国风味与手工美食的爱好者或十分具有特色的行动咖啡车，在现场提供手制果酱、轻食、零嘴等餐饮服务，可说是吃喝玩乐、赏游寻宝都适宜的市集好去处。而在旧物与古道具方面也不会让你失望，包括古法烧制的陶器皿、老圆木桌、餐具柜、木椅，还有卡通人物塑像与怀旧玩具等，甚至手工刻制的英文木质活字，都是时常在市集中露脸的明星商品。而且在两天的活动期间内，各有不同的摊位与创作者出来摆设，就算连着两天都去，也会有不同的惊喜收获。

工地现场的各类挂牌，以及利用榫接原理上锁的木柜。

童趣十足的手作陶艺品，由于是手工制作所以每一款都略有不同喔！

有些摊贩也会推出福袋组合，这款含小碟子、纸胶带、造型笔、明信片、贴纸、包装袋、外国报纸……才五百日元而已，真的非常划算呢！

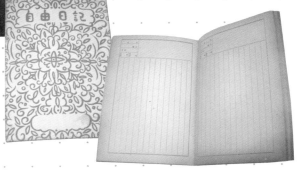

在《樱桃小丸子》卡通中曾出现过的暑假作业"自由日记"，作为旅游日记本也很有味道。

战利品

场内除了各类杂货外，也有专为小朋友设计的 work shop 摊位。

虽然由于管制的关系，无法直接购买植物，但可选购园艺的周边对象，再回家 DIY 一下。

各类手工果酱，可先试吃找出自己喜欢的口味后，再询问店家推荐的料理搭配法。

除了日本制品外，也有许多来自世界各地的好物，如这摊就是专门贩卖波兰传统的手绘餐具。

杀价禁止，搏个感情先！

　　一般来说，在日本购物都是"不二价"的禁止杀价，但在"跳蚤市场"里的旧货摊，则偶尔会有一点"杀必死"的小小空间。但记得，千万不要一出口就砍五折的当奥客，而是在购物前，不妨跟老板多聊聊天、问问旧物入手的过程与故事；或许老板发现觅得知音，会愿意赠送一点小东西当优惠。另外，在创作者的自营摊位，体恤创作为艰、维持生计辛苦，请当个有礼貌的好游客，千万不要杀价喔！

Stationery
News & Shop

对文具迷来说，
无论行旅至何处，
都想探寻当地的文具屋，
不只品味，更想寻宝。
这次《**文具手帖**》要带着大家一同前往
美国和**英国**，
看看**美式和英式文具屋风格**上的异趣，
下次有机会前往当地，
也能笔记下收入必逛的口袋名单！

从店主的工作区望去，满室的美好阳光。

英国平面设计师的工作小店

隐藏在伦敦天使区的 Present & Correct

文字·摄影 by cavi

协调的商品陈列。

　　我常常梦想拥有自己的设计小店,里头的装潢应该是一边售卖自家设计的点子和旅行中寻找到的宝藏,而另一边就是我的工作桌和计算机。这个梦盘旋在我的脑海中似是十分完美。然而,若以商业角度考虑,好像不太实际,尤其在香港!正当我要打消这个念头之际,想不到这个梦却在地球的另一端成真了。

　　第一次游访英国时,我只有十五岁,印象中曾经去过各大必游景点。所以这次行程则不当一般观光客,我要去寻找城中有趣的小店!游访前仔细的计划与搜集,在网络上找到这家 Present & Correct,邻近伦敦地下铁的天使站(很美的名字)。然后我好不容易才在一条不起眼的小街上找到它。

　　店内外的四周都十分静谧,当时只有我一位客人,店主又正忙着,所以可以很自在地研究店里的所有细节。其实这儿与我梦想中的设计小店很相似,主要分为两部分,近门口的位置用作商品陈列区,贩卖各种文具用品;另一边就是店主的工作空间,可说是把工作室搬进了店内。这儿的布置以原木色调为主,店主选物品味独特,架上的商品件件都值得细细观赏,虽然文具款式众多,却没有一丝凌乱感,每处细节都是精心安排,营造出舒适的购物空间。

特别的是，店主在简约的设计下，还巧妙地增加一些隐蔽式的校园生活元素作点缀，让客人自然地走进 Present & Correct 的课堂。

这儿有个如小学教室的角落，放了一张小型学生木桌作陈列商品。在桌子的上方，有一部以前学生们最爱的玩具扭蛋机，机内全都是一个个盛满小型商品的扭蛋，客人可以投入硬币购买，谁都不知道扭出来的会是什么啊！在小学旁，则是一些中学玩意儿，墙身挂着一块木工课室常会看到的工具墙架，可是锤子和锯刀却变成了订书机、剪刀、尺等文具，有条理地挂满在钩子上。而店中心的位置，有一张桌子，桌子上发现了一个让我印象深刻的装饰，那就是店主聪明地把笔收纳陈列于自然课中的玻璃量杯里，因为这个画面钩起了我以前上课的情景。还记得那时实验室中最多的就是量杯了，所以老师们都喜欢把它们当作笔筒，随手把用完的颜色笔和墨水笔通通放在里面。虽然这些都不是什么特别的摆设，但店主的心思却能引起客人的共鸣，想起求学时的美事。

终于，我等到店主空暇之际，上前询问关于小店背后的故事。他告诉我 Present & Correct 是他与另一位平面设计师所创立，最初只是间网络商店，经过几年的努力建立了这个实体空间。他们除了售卖自己设计的作品外，也很喜欢学生时代的文具。每年都会特意到欧洲进货，有时甚至会到亚洲等更远的地区，把当地传统文具商品和其他文具品牌带回小店。所以你会在此看到很多种类的商品，甚至可能找回以前伴着我们成长的文具呢，可是价钱却没有以前亲民！

闲谈中，感觉店主是位很有个性的设计师，就是那种不会为迎合大众口味而妥协的人。我想，他其实并不太在乎销量，也不视这空间为商店吧！ Present & Correct 是属于他们的创作空间，开设此店的原因也许都是为了满足自己对设计的私心而已。所以店址好像也是特意避开人群，他们只想静静地隐藏着去从事自己喜欢的创作。

我竟在这找到小学时用过的那款笔记本！

试试手气来扭一下吧！

DATE
Present & Correct
23 Arlington Way, London EC1R 1UY.
Tuesday – Saturday 12 – 6:30pm.
Tel : 020 7278 2460
http://presentandcorrect.com/

实验室的量杯成了的剔透的笔筒。

专注创作中的店长。

About cavi

旅游设计师——用设计师的眼睛寻找宝藏，以生活的方式漫游世界。
发梦和吃东西是我人生中最快乐的事。
有点儿懒惰，不善于写作，更不热衷摄影，一心只想简单真实的与别人分享快乐。
大学主修广告设计，然而并没有爱上广告，却迷恋设计。
毕业后成为了平面设计师，但不甘每天困在办公室内度日如年，
于是一年后在香港长大的我选择了离开，一个人去纽约生活，也开始了旅行设计师的旅程。

博客：Manimanihomm.com
作品：《Live Laugh Love——漫．乐．纽约》
脸书专页：facebook.com/Manimanihomm.travel

英国的贵族百货

实而不华的文具设计：
Liberty London

文字·摄影 by cavi

　　不论在香港还是去旅行，我都避免去百货公司。因为人多的时候会感到烦躁，根本不想逛下去，而且总觉得专柜小姐会一直盯着你，这股无形"一定要购物"的压力实在令人紧张，所以我之前所写的游记都是到访小店为主。然而这次到访伦敦的 Liberty（自由百货）却让我对百货公司的偏见改观，还在这里找到很多意想不到的收获。

　　Liberty 位处于伦敦最繁忙的购物区"Oxford Circus"，原本是间英国著名的布厂，他们自家设计的英式印花布和布艺在国外内有着很高的名气。随着时代变迁，原本只有三位工匠的小布厂发展成为一间极具设计品味的百货公司。深色的木构架和白色的石墙形成鲜明的对比，都铎式独特的建筑被列为二级古迹。Liberty 走的是高档路线，但没有因此而加建豪华奢侈的装潢，而选择保留百多年来都铎式建筑的朴实风格。我承认最初踏入此店是因为被它的外表所吸引，但令我甘愿在此停留的原因，却是他们对文具和设计的执着。

　　大部分百货公司内都设有文具杂货区，但因为不是主要收入来源，所以大多都是被设置于较顶层或地下楼层等。然而，当我一推开玻璃门，琳琅满目的笔记本就陈列在我眼前。整幅长长的墙身陈列着各式卡片和包装纸；每张桌上也放满了各类商品，款式多得让人目不暇给。当我还以为只有主流商品时，一些另类的精品竟然出现了。它们的设计都很幽默且相当实用，使用时还挺有意思呢！此外，在另一边还有人气

Liberty 自家设计笔记本

DATE
Liberty London
Regent Street London W1B 5AH
Monday–Saturday: 10am · 8pm
Sunday: 12–6pm
http://www.liberty.co.uk/

时装品牌的文具系列，例如：Kate Spade 和 Christian Lacroix 等。虽然价格不菲，但十分罕见，热爱设计的我当然也非常着迷。

当眼睛正努力储存自己喜欢的点子时，一本黑色的笔记本吸引了我的目光。黑色皮革上压印了一个很特别的图样，构思十分细密，极具维多利亚风格色彩。外形亦有点神秘，彷佛是魔法师的笔记本。原来这是 Liberty 的自家设计，那个图案更是他们独有的 "Ianthe Liberty Print"。我抬起头再看一圈才发现，的确店中有很多商品都是以花艺图样为设计元素。它们都是由 Liberty 的设计团队所创作出来的著名印花图案。不论是手工、用料、质量，多年来他们对设计的理念和执着等，也一直维持在贵族等级。而且是店内限定，所以必会引起你内心的交战。

从文具可以看到英国人对生活品味的执着。在国外的文具店，常会看到很多令人爱不释手、作工精致的文具商品。这次在 Liberty 也不例外，如布料般精美的礼物纸、设计即简约又高雅的信封信纸、用料华丽的笔记本等。

它们的存在，更突显外国人执着于事物的美感，并自傲传统的设计和文化。不论工匠、设计师与消费者也愿意花时间与心思于文具细节上。

BAUM-KUCHEN:
以 TRAVELER'S notebook
为起点的旅行文具小店

文字・摄影 by KIN

在洛杉矶的北边，一间连结了日本的 Wabisabi 与德国的 Bauhaus 的文具铺，静静地座落在这艺术气息浓厚的地区。

在南加州巷弄里，有着"Baum-Kuchen"字样的小小木头招牌跟一颗小树，低调地等待着懂他的人们。推开玻璃门时，映入眼帘的是 Baum-Kuchen 的开业精神"The Journey is The Destination."，一个极其简单却强烈的标语。对所有喜好旅行的人们来说，更是一句能够说进心坎里的话。

Baum-Kuchen 的店内范围不大，基本上，当你踏入店内的瞬间，就能够将所有店内空间收进眼底。空间虽小，但却有着一致的概念贯穿整间店，那就是"旅行"。入店后，左侧的一个角落，能看到许多与旅行规划相关的小物。木制桌上放着一本非常充实的旅行笔记本。翻开内页不但能看到满满的邮戳，更能看到旅行途中所拍摄的照片、旅途随记……让人能够充分感受到旅行的乐趣。随意拼贴在墙上的明信片、旧纸条，更是仿佛看到自己房间的装饰一样，充满着一种熟悉的感觉。光是看到这个角落的摆设，就能让人涌起旅行的想望。一种想要冲往未知世界的冲动，就在我脑中不停地闪着。

从以前我就十分钟情以木制装潢为主的店铺。以木材为主的装潢，不但带给人们亲近感，更有着衬托商品的功能，让人将目光聚焦在商品上。浓重的时间感，是木材所带给我的感觉。而在 Baum-Kuchen 里所使用的木头层架，更是与其所提倡的旅行文具相辅相成。所有关于旅行的记忆，都是越陈越香，不管经过多少时间，只要再度翻起了当时的旅行手札，当时的记忆就瞬间鲜活起来。或许是因为一种莫名的连结感，让我对于 Baum-Kuchen 产生了极大的兴趣。也是因为这莫名的共鸣，驱使我上前与店长 Wakako 攀谈。

小时候从日本远渡至美国的店长 Wakako，因为想要专心照顾孩子，选择离开原先的设计工作，将重心放在家庭。但在 Wakako 的心中，一直知道自己其实向往着工作的。就在与先生一起思考着要如何做才能兼顾两者时，一种潜在却强烈的声音出现在讨论之中：为什么不将我们所爱的东西透过网络介绍给大家呢？

于是融合了德国 Bauhaus 以及日本 Wabisabi 美学的 Baum-Kuchen 就此诞生！现在在台湾被大家广为认识的 TRAVELER'S notebook 更是 Baum-Kuchen 所引进的初代商品。非常神奇的是，TRAVELER'S notebook 也是让我发现到 Baum-Kuchen 的关键商品，如果之前没有在网络上疯狂搜寻着 TRAVELER'S notebook，我想我一定也不会发现到 Baum-Kuchen 这样的特色小店吧！

About KIN

从台北到洛杉矶，爱玩的习性不变，一有时间就往外跑。不停追求着拥有丰富色彩的事物。喜爱设计，杂货，手工艺与艺术，目前正在努力将自己丢入艺术这个大池塘中。

www.kinchenstudio.
tumblr.com

"TRAVELER'S notebook 是 Baum-Kuchen 的起点。如果没有了 TRAVELER'S notebok，Baum-Kuchen 有可能就不会存在了吧！"Wakako 说着。"几年前，当我第一次开始使用 TRAVELER'S notebook，我就非常喜欢这款商品，但当时在美国却完全找不到哪边有贩卖的店家。这是我想要将他介绍给大家的契机。也因为这个原因，我决定要开一家店来贩卖 TRAVELER'S notebook。在经过六个月跟日方的接洽，顺利地成为了 TRAVELER'S notebook 的零售商，也为 Baum-Kuchen 踏出了第一步！现在我们不只代理记事本、行事历，更加入了许多的生活感商品。引进具有生活感的商品是我们的一个概念。我们也藉由部落格的方式，跟喜欢我们的朋友分享着我们对于'生活'的想法。"当 Wakako 说着这段历程的时候，身为听众的我，一种莫名的兴奋感涌上心头。或许是因为这样的生活方式，要能够保持并持续下去，并非一个简单的事。但却着实地说进了我的心里。我喜欢 Baum-Kuchen 现在的步调以及规模。"Tiny, but homey"这个想法一直不停着旋绕在我的脑中。对我来说，也是一个完美平衡的象征。

除了商店之外，Baum-Kuchen 的空间更身兼了工作室的概念。当我询问说为何将这个空间定义为工作室呢？ Wakako 是这样回答我的："其实原因很简单，因为这就是我工作的地方。我会在这个空间发想新的商品，也会运用这个空间来跟我的伙伴们讨论新产品的方向。"

是的，Baum-Kuchen 并非只是一间单纯的日系旅行杂货商店，皮件设计是品牌的另一块重心。以 TRAVELER'S notebook 为开端，Baum-Kuchen 与在地的皮件工作室"1.61"合作，推出属于他们的 TRAVELER'S notebook 的小物。从皮革制的资料袋，到绑带上的装饰小物等等。Wakako 将常年使用 Traveler's notebook 的心得以及想法融合进他们皮件设计。

Wakako 已使用 6 年的 TRAVELER'S notebook 以及新宠儿 Roterfaden 笔记本。

"为何会对皮革特别情有独钟呢？"我问。"我们喜欢物品常年使用下来的感觉。而皮件就是一个非常好的材质。随着一点一点增加的岁月感，也会加深物品与使用者之间的联系。所以我们通常都会在店里摆设对照版本，让客人知道，这个商品在长时间的使用下，会变化成一个多富有味道的个人小物。我们也非常热衷于分享我们的使用心得跟客人交流。"

来自德国的 Michael Sans Berlin Leather Bag。

就在这样选择商品的守则之下，Baum-Kuchen 引进了来自日本的 The Superior Labor 帆布包，以及来自德国的 Roterfaden 笔记本。在日本购买的 The Superior Labor 帆布包已经跟着 Wakako 来到了第四个年头，坚固的设计，以及大容量的空间，跟着 Wakako 踏遍了 LA 等许多地方。而店内另一个人气商品 The Superior Labor，摒弃了大量的生产过程，以一人一裁缝机的方式来生产帆布包。笑称自己是笔记本狂的 Wakako 更是介绍了以来自德国的 Roterfaden，有着跟 TRAVELER'S notebook 相同的使用方法，可以搭配任何市面上所有的 A5、A6 尺寸笔记本。ほぼ日手帐的内页也可以完美的与 Roterfaden 兼容。兼容性更大，有着更多的空间纪录自己的生活。

店长 Wakako。

数组于桌上的旅行手札。

一个用时间，旅行作为概念的小店，不疾不徐地在网络上慢慢发展着。更试着慢慢的将触角从网络商店转换至实体商店。从设计商品零售转至自家品牌发展。"The Journey is the Destination" 这个核心标语，贯穿了所有 Baum-Kuchen 的产品。

生活就是一场旅行。对于 Baum-Kuchen 的未来，Wakako 保留了所有的弹性，然而我相信有时"没有答案"就是就好的答案。不管是五年后，还是十年后，甚或是更久的未来。Baum-Kuchen 都会用他们的方式，以一种有机的，不设限的方式来讲出更多更好的故事。

DATE

Baum-Kuchen
地址：3423 Verdugo Rd, Los Angeles, CA 90065
网址：www.baum-kuchen.net
营业时间：Tue: 10am–1pm / 2pm–4pm
    Wed: 10am–1pm / 2pm–4pm
    Fri: 2pm–4pm
    Sat: 1–4pm

04 | Stationery News & Shop

在洛杉矶
逛纯美式风格文具屋！

文字·摄影 by Peggy

位在西班牙风格安静小区街道上的"Scrampers"，
等待文具迷们进来挖宝。

热爱文具杂货与手作小物的朋友，最喜爱的旅行目的地应该会是日本吧。Loft、Tokyu Hands 等大型连锁店，或者东京下北泽、吉祥寺等浓浓杂货风的路面小店铺总让人逛得心花怒放。但文具迷若来到美国旅行"在美国的书店或文具店好像买不到漂亮文具"应该会是不少人的旅游感想。曾经在美国居住将近十年的我可以很肯定地告诉你，的确是这样的。美国的大型文具连锁商店 Office Depot、Staples 其实正确来说，是贩卖实用性质为主的办公室事务用品的商店。如果你想要寻找可爱文具小物，那么去逛美国主流的文具店可要大失所望了。因为这类商品在美国并不归类于文具商品，而是属于剪贴簿以及拼贴创意商品类，英文是"Scrapbook, Art, Craft Supplies"。在这里跟大家介绍与推荐几间位于洛杉矶的 Peggy 私心收藏店铺清单。

精致手创工具与杂货小物店铺"Paper Source"。

曾与 mt 合办纽约展 "mt Store in New York" 的
"Anthropologie"。

有如高级布料一般精致的各种包装美术纸，也是手作迷眼中可以发挥许多创意的素材。

图中的卡片是利用店内贩卖的字母印章与立体金粉，所搭配设计而成的 DIY 卡片。

Paper Source

"Paper Source" 是一间在比佛利山庄，西好莱坞，圣塔摩妮卡、巴莎迪娜等主要观光景点都有分店的精致手创工具与杂货小物店铺。米白色的外墙搭配很有质感的咖啡色字体 LOGO，大片的落地玻璃窗，店内以鲜明的颜色装饰，并且满满地陈列了种类丰富而且设计精美可爱的美术纸、卡片、印章、打孔器、手帐、桌历、月历、笔类等商品。

在店内一整面墙的木架子上，可以找到各式各样的印章。与日系品牌走可爱路线的印章相比，美国品牌是偏成熟的气质风格。不同字体的原木字母印章以及完整配套的周边商品，如各种颜色的印台、可呈现三维效果的金粉等，让印章迷们光是在店内这一区域，就可以逛上许久的时间。

与日系品牌走可爱路线的印章相比，美国品牌是偏成熟的气质风格。

在 Paper Source 也可以购买店家自有品牌的各种美术卡纸，再搭配印章等手创工具做出心意满满的独一无二卡片。

若要举办婚宴或各种重要活动，也可到 Paper Source 订购客制化的喜帖或邀请卡。顾客能够依据自己的喜好挑选纸张的材质、形状、颜色、与印刷字体，搭配出很有质感的个人化商品。

即使在电子通讯当道的时代，许多美国人依旧坚持在重要节日寄送一张手写卡片给亲朋好友。

米白色外墙搭配有质感的咖啡色字体 LOGO。

让人血脉喷张的贴纸墙。

Scrampers

　　与亚洲国家相比，美国的文具手作迷们热爱剪贴簿与相簿拼贴的历史更为悠久。因此在洛杉矶这类大都会区，几乎每一个小区商圈都可以找到独立经营的手作文具材料店（Scrapbook Supply Stores）。与前面介绍的 Paper Source 连锁商店相比，这类小区型店铺的装潢或许低调朴素一些，但令人惊喜的是商品种类往往更为丰富齐全。贴纸、印章、美术纸、笔记本、包装材料、美术画画道具等艺术手艺材料应有尽有。这里跟大家介绍的是位在洛杉矶南湾区的"Scrampers"。店内还附设了手作教室，开设各种手作 DIY 课程。我去逛的当天刚好碰到课程进行中，上课的学员们除了年轻女孩、家庭主妇，还有不少年长的美国老奶奶们。大家热烈地讨论着手作创意，热闹得不得了。

美国品牌的纸胶带，这卷蜘蛛人设计很有巧思与创意。

也可以选购美国手作生活杂货女王 Martha Stewart 品牌的精致花边打洞器。

Anthropologie

　　曾与 MT 合办纽约展 mt Store in New York 的 "Anthropologie"，是一间很有特色的生活杂货、服饰、文具店。在美国许多城市的购物中心内都有分店。店内的装潢与摆设很有个性与质感，生活杂货与文具类商品虽然只占商品的少部分，却非常值得一逛。天马行空的设计的同时融合了一些古典气质的商品风格，以及来自世界各地的特色文具商品，对于喜爱自己动脑筋拼贴与手作的朋友来说，在店内逛一圈就可能激发不少的创作灵感呢！

生活杂货与书本笔记具一起陈列，文青雅痞风格强烈。

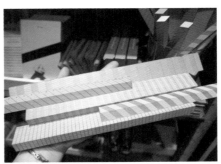

颜色漂亮的各种条纹设计木尺。

薄木片作成的胶带卷，让人眼睛一亮。

About Peggy

拥有美国加州的音乐学士以及钢琴演奏硕士学位，
目前在台湾担任英语讲师以及英语检定考试口试官。
虽然所学并非美术相关科系，但热爱拼贴与手作，
也是个热爱到东京旅行，探索挖掘新文具与手创商品的文具迷！
两年多前认识了纸胶带这个极棒的手作素材以来，
平时喜爱尝试以纸胶带搭配各种来自东京或台湾在地品牌的文具小物，
DIY 各类型的手创作品。

Facebook：一起来玩纸胶带

来自尼泊尔的漂亮手工装饰铅笔。

图书在版编目（CIP）数据

文具手帖：插画家笔下的色彩人生 / 潘幸仑等著
. -- 北京：九州出版社，2016.4
ISBN 978-7-5108-4349-5

Ⅰ．①文… Ⅱ．①潘… Ⅲ．①①文具－设计－作品集－中国 Ⅳ．①TS951

中国版本图书馆CIP数据核字（2016）第085901号

本著作中文简体字版经厦门墨客知识产权代理有限公司代理，由野人文化股份有限公司授权九州出版社在中国大陆独家出版、发行。

文具手帖：插画家笔下的色彩人生

作　　者　潘幸仑等　著
出版发行　九州出版社
地　　址　北京市西城区阜外大街甲35号（100037）
发行电话　（010）68992190/3/5/6
网　　址　www.jiuzhoupress.com
电子信箱　jiuzhou@jiuzhoupress.com
印　　刷　小森印刷（北京）有限公司
开　　本　700毫米×1092毫米　16开
印　　张　12
字　　数　150千字
版　　次　2016年5月第1版
印　　次　2016年5月第1次印刷
书　　号　ISBN 978-7-5108-4349-5
定　　价　45.00元